高等职业教育农业农村部"十三五"规划教材

小动物创新系列教材

Pet

XIAODONGWU GUBING ZHENLIAO JISHU

小动物骨病诊疗技术

朱金凤 田超 主编

中国农业出版社

北京

编审人员

主　　编　朱金凤　田　超
副 主 编　周红蕾　王　留
参　　编　安芳芳　鲁兆宁　张　磊
　　　　　曹智高　陈海燕　王荷香
　　　　　银　岭　刘　洋　王聪慧
　　　　　于清龙　陈玲玲　李　凌
　　　　　王　飞
主　　审　陈金山

前言

随着我国宠物诊疗行业的快速发展，小动物骨关节保健和疾病防治越来越重要，目前关于小动物骨科技术的国内外论著相对较少，高职宠物医学专业的相应教材基本是空白状态，急需一本既能满足学校教学需求，又能为宠物医师临床诊疗骨科疾病提供参考的教材。

本教材坚持以立德树人为根本任务，以小动物骨科前沿理论知识和操作技术为主要内容，旨在培养热爱行业、爱护动物、诊疗水平高、具备医者仁心职业素养的小动物骨科医疗人才。本教材编写时主要遵循三个原则：一是"理论够用，突出重点和难点"，主要介绍小动物临床专业的基本理论和重点、难点问题，为培养学生解决实际问题的能力奠定理论基础，满足学习和掌握实际操作技能的需要；二是"注重实训，强化实践技能"，在基本理论知识够用的基础上，强化实训，尽量把国内外骨科先进的临床技术吸纳进教材，满足加强实践技能培训的需要；三是"体现最新职业教育教学改革精神"，突出"五个对接"，即专业与产业、职业岗位对接，专业课程内容与职业标准对接，教学过程与生产过程对接，学历证书与职业资格证书对接，职业教育与终身教育学习对接，使得本教材具有鲜明的时代特征和职业教育特色。

本教材分小动物骨科基础理论和小动物骨科临床技术应用 2 个项目，共计 16 个工作任务。其中项目 1 中任务 1 的子任务 1 由刘洋（河南农业广播电视学校）、王留（商丘职业技术学院）编写，子任务 2 由周红蕾（江苏农牧科技职业学院）、鲁兆宁（黑龙江农业职业技术学院）、王聪慧（洛阳职业技术学院）编写；项目 1 中任务 2 的子任务 1 由张磊（河南农业职业学院）编写，子任务 2 由曹智高（河南农业职业学院）编写，子任务 3 由陈海燕（河南农业职业学院）编写，子任务 4 由银岭（河南农业职业学院）编写，子任务 5 由王荷香（河南农业职业学院）编写。项目 2 的任务 1、任务 3 由田超（河南农业职业学院）编写；项目 2 中任务 2 的子任务 1 由安芳芳（河南农业职业学院）、陈玲玲（顽皮宠物医院）编写，子任务 2 由李凌（天使宠物医院）、于清龙（常州市道格医疗科技有限公司）、王飞（德铭联众科技有限公司）编写。全书由朱金凤（洛阳职业技术学院）统稿，陈金山（河南科技学院）审阅。

本教材编写过程中得到了教育部国家级职业教育教师教学创新团队课题

（编号：ZI2021100105）、河南省高等教育教学改革研究与实践项目（编号：2017SJGLX152、2019SJGLX706）和国家"万人计划"朱金凤名师工作室的鼎力支持，参考了国内外各种有关犬、猫等小动物的骨科方向的著作、论文，结合各位老师们的临床实践，瑞派宠物医院管理有限公司骨科神经外科专科组提供了宝贵的临床资料、图片数据，在此一并表示衷心的感谢。

由于编者水平有限，不尽完善及错漏之处在所难免，在此恳请有关专家、广大师生和读者给予批评指正。

编　者

2022.10

目录

前言

项目1　小动物骨科基础理论 …… 1
【项目指南】 ………………………… 1
任务1　小动物骨科植入物和器械 …… 1
子任务1　小动物骨科植入物 …… 1
【子任务目标】 …………………… 1
【相关知识】 ……………………… 1
一、内固定材料的要求 …………… 1
二、内固定材料的种类 …………… 2
【任务实施】 ……………………… 3
一、钢丝及其应用 ………………… 3
二、钢针及其应用 ………………… 4
三、骨螺钉及其应用 ……………… 5
四、接骨板及其应用 …………… 10
五、其他骨科外固定材料及应用 … 21
【知识拓展】 …………………… 22
一、国内外骨科金属材料发展过程 ………………………… 22
二、医用高分子材料 …………… 22
三、医用无机非金属材料 ……… 24
【任务反思】 …………………… 24
子任务2　小动物骨科常用器械认识及使用 …………… 24
【子任务目标】 ………………… 24
【任务实施】 …………………… 24
一、牵开器 ……………………… 25
二、骨膜剥离器 ………………… 26
三、持骨器 ……………………… 26
四、骨锤 ………………………… 29
五、骨凿和骨刀 ………………… 29

六、骨剪和咬骨钳 ……………… 30
七、骨锉 ………………………… 32
八、刮匙 ………………………… 32
九、钢丝（针、板）工具 ……… 32
十、骨锯 ………………………… 37
十一、断棒器 …………………… 37
十二、骨钻和钻头 ……………… 38
【任务反思】 …………………… 39
任务2　小动物骨科技术原理和临床应用 …………………………… 39
【任务目标】 …………………… 39
【相关知识】 …………………… 39
一、AO技术理论 ……………… 39
二、BO技术理论 ……………… 41
三、CO技术理论 ……………… 42
四、骨折生物力学原理 ………… 42
子任务1　钢丝、钢针的应用技术 ……………………………… 44
【子任务目标】 ………………… 44
【任务实施】 …………………… 45
一、钢丝的临床应用技术 ……… 45
二、钢针的临床应用技术 ……… 50
【任务反思】 …………………… 53
子任务2　螺钉应用技术 ……… 53
【子任务目标】 ………………… 53
【相关知识】 …………………… 53
【任务实施】 …………………… 55
螺钉的临床应用 ………………… 55
【任务反思】 …………………… 58
子任务3　骨板的应用技术 …… 58
【子任务目标】 ………………… 58

【相关知识】……………… 59
【任务实施】……………… 59
骨板的应用……………… 59
【任务反思】……………… 65
子任务4 骨外固定技术 …… 65
【子任务目标】…………… 65
【相关知识】……………… 66
一、骨外固定技术概述 …… 66
二、骨外固定技术的适应证… 66
【任务实施】……………… 66
一、骨外固定技术的分类和
操作方法 ……………… 66
二、外固定支架技术治疗骨
折的优势 ……………… 72
三、外固定技术需要注意的
问题 …………………… 72
【任务反思】……………… 73
子任务5 带锁髓内针的应用技术 … 73
【子任务目标】…………… 73
【相关知识】……………… 73
一、带锁髓内针的概念及形态… 74
二、带锁髓内针的作用原理… 74
【任务实施】……………… 75
一、带锁髓内针的适应证 …… 75
二、带锁髓内针的植入方法… 76
三、带锁髓内针的使用注意事项… 81
【任务反思】……………… 82

项目2 小动物骨科临床技术应用 …………………… 83

【项目指南】……………… 83
任务1 骨板临床应用技术 …… 83
【任务目标】……………… 83
子任务1 骨板在四肢骨骨折中的临床应用 ……………… 83
【子任务目标】…………… 83
【任务实施】……………… 83

一、骨板在股骨骨折中的临床
应用 …………………… 83
二、骨板在胫腓骨骨折中的临床
应用 …………………… 89
三、骨板在肱骨骨折中的临床
应用 …………………… 94
四、骨板在桡尺骨骨折中的
临床应用 ……………… 99
【任务反思】……………… 103
子任务2 骨板在骨盆骨折中的
临床应用 ……………… 104
【子任务目标】…………… 104
【任务实施】……………… 104
一、骨盆骨折概述 ………… 104
二、骨盆骨折骨板内固定手术
方案 …………………… 107
三、临床病例讨论 ………… 108
【任务反思】……………… 109
子任务3 骨板在其他部位骨折中
的临床应用 …………… 109
【子任务目标】…………… 109
【任务实施】……………… 109
一、骨板在下颌骨骨折中的临床
应用技术 ……………… 109
二、骨板在肩胛骨骨折中的临床
应用技术 ……………… 111
三、骨板在腕骨和跗骨骨折中的
临床应用技术 ………… 113
四、骨板在掌骨和跖骨骨折中的
临床应用技术 ………… 114
【任务反思】……………… 116
任务2 骨外固定临床应用技术 …… 116
【任务目标】……………… 116
子任务1 骨外固定在四肢骨骨折
中的临床应用 ………… 116
【子任务目标】…………… 116

【任务实施】……………………… 117
　一、骨外固定在股骨骨折中的
　　　临床应用 ………………… 117
　二、骨外固定在胫腓骨骨折中
　　　的临床应用 ……………… 120
　三、骨外固定在肱骨骨折中的
　　　临床应用 ………………… 123
　四、骨外固定在桡尺骨骨折中
　　　的临床应用 ……………… 125
【任务反思】……………………… 128
子任务 2　骨外固定在骨盆及其他
　　　　　部位的临床应用 ……… 128
【子任务目标】…………………… 128
【任务实施】……………………… 128
　一、骨外固定在骨盆骨折中
　　　的临床应用 ……………… 128
　二、骨外固定在其他骨折中
　　　的临床应用 ……………… 131
【任务反思】……………………… 132
任务 3　小动物四肢骨科临床
　　　　其他常用技术 …………… 132
【任务目标】……………………… 132
子任务 1　小动物髌骨脱位矫正术的
　　　　　临床应用 ………………… 133
【子任务目标】…………………… 133
【任务实施】……………………… 133
　一、小动物髌骨脱位的临床
　　　症状及检查 ……………… 133
　二、小动物髌骨脱位的手术
　　　矫正方法及护理…………… 135
【任务反思】……………………… 137
子任务 2　小动物股骨头切除手术
　　　　　的临床应用 ……………… 137
【子任务目标】…………………… 137
【任务实施】……………………… 137
　一、小动物髋关节发育不良和股骨
　　　头疾病的临床症状及检查 … 137

　二、股骨头切除术的手术方案
　　　及护理 …………………… 138
【任务反思】……………………… 138
子任务 3　小动物四肢关节人工韧带
　　　　　技术的临床应用 ……… 139
【子任务目标】…………………… 139
【相关知识】……………………… 139
　人工韧带概述 ………………… 139
【任务实施】……………………… 140
　一、圆韧带再造术的临床
　　　应用 ……………………… 140
　二、膝关节人工韧带技术的临床
　　　应用 ……………………… 141
　三、肩关节脱位人工韧带技术的
　　　临床应用 ………………… 144
　四、肘关节脱位人工韧带技术的
　　　临床应用 ………………… 146
　五、其他四肢关节脱位人工韧带
　　　技术的临床应用…………… 148
【任务反思】……………………… 149
子任务 4　小动物四肢关节融合
　　　　　技术的临床应用 ……… 149
【子任务目标】…………………… 149
【任务实施】……………………… 149
　一、膝关节融合技术的临床
　　　应用 ……………………… 149
　二、跗关节融合技术的临床
　　　应用 ……………………… 151
　三、肩关节融合技术的临床
　　　应用 ……………………… 152
　四、肘关节融合技术的临床
　　　应用 ……………………… 153
　五、腕关节融合技术的临床
　　　应用 ……………………… 154
【任务反思】……………………… 155

参考文献 ………………………… 156

项目 1　小动物骨科基础理论

📌 项目指南 >>

本项目主要介绍小动物骨科技术的发展历程及分类，目前常用的小动物骨科植入物和骨科器械的名称、功能及使用方法。

任务 1　小动物骨科植入物和器械

子任务 1　小动物骨科植入物

📌 **子任务目标** >>>

掌握常用小动物骨科植入物的分类、名称、功能及使用方法。

📌 **相关知识** >>>

一、内固定材料的要求

目前医用骨科内固定材料的选择主要是金属。金属具有高刚度和高强度以及良好的韧性，而且通常有较好的生物耐受性。医用内植入物的材料包括不锈钢、纯钛、钛合金（如钛铝铌合金或高强度合金、形态记忆合金）等。用于制造医用内植入物的材料必须符合一些基本要求：最重要的是可靠的功能和最小的副作用，其次是良好的可操作性。小动物骨科植入物应该具有的特性如下：

（一）刚度

刚度是金属抵抗变形的能力，其衡量方法是外在负荷大小和所引起的弹性变形大小的关系。金属的基础刚度即其弹性模量。而内植入物的刚度取决于其自身的弹性模量和内植入物的形态与直径。例如，钛合金的弹性模量约是不锈钢的 1/2，因此在相同的负荷下，其变形程度为不锈钢的 2 倍（图 1-1-1）。这是由于钛合金的弹性模量低（钛合金约为 110 GPa，不锈钢约为 200 GPa）。当需要用内植入物（髓内钉、钢板或外固定架）来跨越骨折固定时，内植入物的刚度必须足以对抗骨折部位的变形。同时为保证骨折愈合，内植入物必须使骨折端的活动减少。

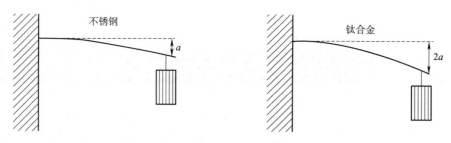

图 1-1-1　不锈钢和钛合金弹性模量对比示意

（二）强度

强度是材料在不发生形变的情况下对抗外负荷的能力。因此，强度决定了内植入物所能承受负荷的大小。在金属断裂前可能发生不可逆的形变（也称为塑性形变）。纯钛（cpTi）的强度比不锈钢低约 10%，但通过增加内植入物的横截面可以弥补材料强度的不足。强度决定了材料所能承受应力（单位面积上的压力）的最大值，超过该值则可引起变形。

就骨科内固定而言，关键的问题是内植入物耐受重复负荷的能力。重复负荷可引起内植入物疲劳失效。

（三）韧性

材料的韧性反映的是在其发生断裂之前，所能承受的持久（塑性）变形程度。总体上来说，强度高的材料如钛合金和高级冷加工的纯钛（cpTi），其韧性要低于不锈钢。韧性不同的内植入物即将发生断裂时的征象不同。如在拧入螺钉时，根据国际标准，一个 4.5 mm 规格的皮质骨螺钉（ISO 6475）必须能耐受 180°的弹性或永久性变形而不发生断裂。但是由于纯钛（cpTi）的韧性差，因此其断裂前的征象不明显，这就要求外科医生必须有足够的经验以指导不同的操作技术。

（四）抗腐蚀性

这里所说的腐蚀是一种电化学过程，即通过使金属释放金属离子而造成金属的破坏。在骨科中，最主要的腐蚀发生在组合式内植入物系统中（如螺钉头相对于钢板钉孔的移动）。腐蚀主要是伴随着两个邻近内植入物接触表面微移动而发生的，其结果是亚微型的粒子被释放到周围的组织中。磨损的颗粒可引起一系列临床症状。因此，对于弹性内固定，由于植入物可能会发生移动和磨损，故最好选择钛或钛合金材料的内植入物。

（五）磁共振成像（MRI）兼容性

内固定研究学会（AO）认可的内植入物材料有纯钛（cpTi）、钛合金（TAT）和钛钼合金（Ti-15Mo）等，它们是完全没有磁性的，植入后也可进行 MRI 检查（MRI 兼容）。

注：MRI 安全指的是内植入物可以在 MR 扫描仪内或附近使用而对患者不造成危害，但可能会影响成像的质量；MRI 兼容是指内植入物除了安全外，不会对诊断的图像形成干扰。

（六）生物兼容性

骨科内植入物材料需要具有较好的生物兼容性。总的来说，钛和钛合金的生物兼容性要优于不锈钢。除了材料外，最佳的内植入物组织设计（无效腔和液体填充空腔存在与否）和表面特性，也有助于提高抗细菌感染的能力。

二、内固定材料的种类

根据上述骨科内固定材料的要求，目前临床上应用的传统骨科内固定材料主要有不锈钢系列，钴铬钼合金，钛及钛合金等，这些都是永久性植入材料。

（一）不锈钢系列

该系列均为奥氏体的铁基合金，即以奥氏体不锈钢为基础，再加入钛元素，使材料具有较高的抗腐蚀性能。加入钼元素，并相应地减少硫、磷等杂质，从而提高了材料的硬度和耐腐蚀性。镍在不锈钢中的主要性能是防锈、抗腐蚀、提高材料的韧性。316、316L、317、317L 型号的不锈钢，惰性好、耐腐蚀性强，其机械性能也适合制作内固定器材，是目前选用最多的医用不锈钢材料。

（二）钴铬钼合金

钴的硬度大，耐腐蚀性好；缺点是钴对细胞的毒性较大，植入机体后也可能引起过敏反应，甚至有致癌作用，加上价格昂贵，加工困难，现已少用。铬可以增加钢板的耐腐蚀性，使其不易生锈。钼在合金中含量较不锈钢系列高，故合金的硬度大、具有良好的耐腐蚀性。

（三）钛及钛合金

钛类内固定材料包括纯钛和钛合金两大类。

1. 纯钛 钛元素较活泼，晶体表面极易氧化。材料表面氧化后形成一层钝性氧化膜，性质稳定、惰性大、耐酸、耐腐蚀、组织相容性好，对细胞的毒性极低。而且质量轻，抗拉强度和屈服强度均较不锈钢、钴铬钼合金低。弹性模量接近人体皮质骨，作为骨折内固定材料有其优点，并有广泛应用价值。

纯钛的硬度低、质轻、不耐磨。如在真空条件下，于 800 ℃氮化炉中经表面氮化处理后，可增加其硬度、耐磨性和惰性。

2. 钛合金 常用的钛合金内固定材料有两种。

（1）T-6A1-4V。国产型号为 TC4。其硬度和耐腐蚀性大于纯钛，而且质轻，是目前较为常用的内固定金属材料之一。

（2）镍钛形状记忆合金。材料的组织相容性好，耐腐蚀性强。它在低温下可产生可塑性变形，当温度升高后又能恢复原来形状，故可制作特殊需要的内固定材料，如接骨板（图 1-1-2）、特殊形状的钉和弧形髓内针（Ender 针）等。但该材料记忆复形的机械强度有限，目前尚不能广泛应用，仅在一些特殊的病例中使用。

图 1-1-2　镍钛形状记忆合金接骨板

任务实施

一、钢丝及其应用

（一）钢丝的种类

临床常用的钢丝（图 1-1-3）有不锈钢、钛合金、镍钛记忆合金等材料。钢丝直径有 0.4 mm、0.6 mm、0.8 mm、1.0 mm、1.2 mm、1.5 mm，其中常用的型号是 0.6 mm、0.8 mm、1.0 mm。

（二）钢丝的应用和工具

钢丝在临床中常用于环扎、固定等，临床使用时需要用到引导、旋紧及固定等工具

（图 1-1-4）。钢丝的缺点是固定作用较小，应用范围也相应较小。利用不锈钢丝来环扎固定长骨干的斜骨折或螺旋骨折，不但容易断裂，还会引起受压处的骨质吸收，骨膜血运受损，从而失去固定作用，影响骨折愈合。钢丝的优点是直径细且可屈折，可以穿过骨内人工隧道环扎或固定，能有效地保持某些骨折的复位。

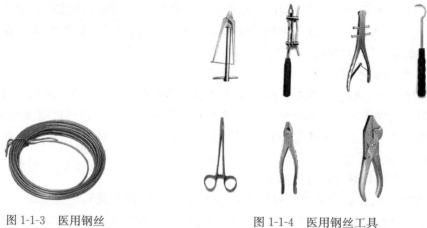

图 1-1-3　医用钢丝　　　　　图 1-1-4　医用钢丝工具

二、钢针及其应用

（一）钢针的种类

临床常用的医用钢针材质包括不锈钢、钛合金等，临床根据发展和用途将钢针分为斯氏针和克氏针。

1. 斯氏针　一般为较粗的不锈钢针，直径 3～6 mm，不易折弯、不易滑动，可承受较大的牵引力。斯氏针多为扁头，操作中温度较高，对骨愈合影响较大。

2. 克氏针　一般为较细的不锈钢针，直径 4 mm 以下，易折弯，长时间牵引易拉伤骨骼，产生滑动。克氏针多为尖头，操作中温度较低，对骨愈合影响较小。1909 年，Martin Kirschner 首次将斯氏针改良为克氏针，在此后的 20 年间，Martin Kirschner 又进行了很多次改进才制造出最终的产品。自此，克氏针开始广泛应用于外科手术。

克氏针常用于肱骨、股骨及胫骨骨折。其生物力学优点在于能够抵抗弯曲负荷。与其他埋植物相比，圆形的克氏针能够平衡来自各个方向的弯曲负荷。克氏针的生物力学缺点是抗轴向压力或抗旋转负荷较弱以及对骨折固定（连锁）效果差。克氏针只能借助针和骨骼间的摩擦力来抵抗旋转负荷和轴向压力。通常情况下，这种摩擦力不能阻止骨折处的旋转和轴的断裂。克氏针和松质骨间的摩擦力随松质骨不同及克氏针放置的准确度不同而不同。但克氏针与骨接触的准确性与否是主要的，因为髓腔横断面的直径是变化的，两者间的摩擦力是有限的。虽然针骨之间的摩擦力能阻断新的早期移动，但还是存在因骨折固定不稳，而引起的骨折微移、骨吸收和针移动等问题。所以克氏针要辅以其他埋植物（如环扎钢丝、外骨骼固定器、钢板）来固定骨折。常用的克氏针直径有 0.8 mm、1.0 mm、1.2 mm、1.5 mm、2.0 mm、2.5 mm、3.0 mm、3.5 mm、4.0 mm、4.5 mm。克氏针有削掉一头（一头尖、一头钝）的，也有两头都削（每头都为尖的）。最流行的设计是套管针形和平凿型。平凿型具有 2 个削面，其穿过高密度的骨密质时效果较好，因为它较套管针型产生的热量少。套管针型具有 3 个削面，比较容易插入松质骨（图 1-1-5）。克氏针也可能有螺纹（图 1-1-6）。

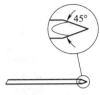
图 1-1-5　头端三个削面的套管针

图 1-1-6　头端螺纹针

（二）钢针的应用和工具

临床常用的钢针主要是克氏针，主要作用是牵引、固定。

1. 克氏针打入器　在关节固定术、克氏针手术以及股骨远端交叉克氏针手术时，应将针切断后的尾端埋入骨皮质或关节表面，从而减少对肌肉软组织的刺激。临床使用时需要借助克氏针打入器辅助进行克氏针的最后一段打入固定。克氏针打入器（图 1-1-7）的尾端是一个凹面，可以定位针的尾端。另一端用骨锤敲击（图 1-1-8）。

图 1-1-7　克氏针打入器　　　　　　图 1-1-8　克氏针打入器操作

2. 克氏针折弯器　用于克氏针的尾部折弯（图 1-1-9），临床使用时可以先在合适的位置剪断克氏针，然后用折弯器折弯剩余的克氏针尾，以方便固定并减少对软组织的刺激（图 1-1-10）。

图 1-1-9　双头克氏针折弯器

图 1-1-10　克氏针折弯器使用

三、骨螺钉及其应用

（一）骨螺钉的组成及种类

骨螺钉是用于骨折部位固定的内固定器件，单独或与接骨板组合使用。骨螺钉是强有力的固定器械，可以使旋转运动转变为线性运动。螺钉的结构组成及各部名称见图 1-1-11。

1. 骨螺钉的组成结构　大多数用于骨折固定的螺钉都具备以下设计特点：①中间的螺杆决定螺钉强度；②螺纹用于拧入骨质内并可以把旋转运动转变为线性运动；③螺钉尖端可以是钝头或尖头；④螺钉帽固定于骨面或钢板上。骨螺钉各部位的功能（图 1-1-12）不同，螺钉帽

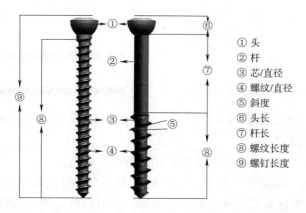

图 1-1-11　骨螺钉的结构组成（左为皮质骨螺钉、右为松质骨螺钉）

需要与骨板或者骨皮质接触并有改锥槽（图 1-1-13），改锥槽种类很多，临床骨螺钉常用的有一字槽、十字槽、方形槽、六角槽、梅花槽等。其中一字槽和十字槽虽然不易磨损但是改锥无法抓持螺钉，需要借助外力；方形槽、六角槽改锥插入较为方便但是容易磨损；梅花槽改锥打滑较少，改锥槽磨损较少，用力效率比较高，是目前临床常用的方式之一。螺钉的尖部决定了拧入的方式，临床常用的有非自攻型、自攻型和自攻自钻型（图 1-1-14）。非自攻型螺钉拧入前必须用配套攻丝器进行攻丝，自攻型或者自攻自钻型螺钉用于在单侧皮质时一般不需要攻丝。

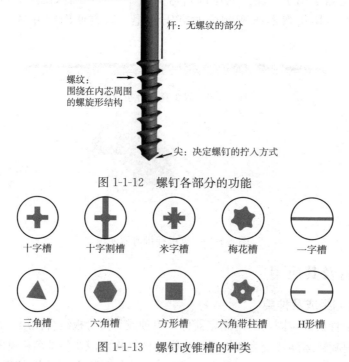

图 1-1-12　螺钉各部分的功能

图 1-1-13　螺钉改锥槽的种类

2. 骨螺钉的种类

（1）根据骨螺钉的应用部位不同把骨螺钉分为皮质骨螺钉和松质骨螺钉（图 1-1-15）。皮质骨螺钉螺纹较浅、螺纹间距较小、接触面较大，用于长骨中段。松质骨螺钉外径较大、螺纹较深、螺纹间距较宽,用于骨骺部分。松质骨螺钉有部分螺纹和全螺纹两种。皮质骨与松质骨螺钉均由不锈钢或钛材料制成,有的自身有螺纹,有的没有。没有螺纹的螺钉要被轻轻打进骨头里去;自身有螺纹的可以轻轻拧进去。皮质螺钉为完全的螺纹钉,常用于高密度的皮质骨,其螺纹数目也比松质骨螺钉要多,可以使得相对薄的皮质骨上能有较多的螺纹。全螺纹或部分螺纹的松质骨螺钉主要用于干骺端。松质骨螺钉的螺纹比皮质骨螺钉要高,进入骨组织更深。螺钉常以其外径来表示其型号,例如,3.5 mm 皮质骨螺钉,其外径就是 3.5 mm。皮质骨与松质骨螺钉的型号从 1.0~6.5 mm 不等。

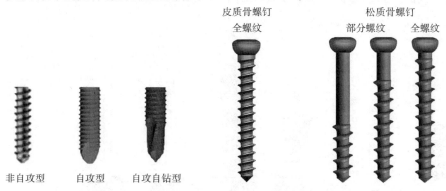

图 1-1-14　不同的螺钉尖部　　　　图 1-1-15　皮质骨螺钉和松质骨螺钉

(2) 根据螺钉和骨板是否可以稳定连接将螺钉分为锁定螺钉和非锁定螺钉(图 1-1-16)。锁定螺钉和骨板通过螺纹或者锥形耦合实现锁定,这样骨板和骨皮质之间的距离不会被骨板拉近,容易维持复位的稳定。锁定螺钉和非锁定螺钉相比,同样粗细的螺钉拥有更大的内芯直径(内芯直径越大,则螺钉强度越大),同时具有更大的抗弯曲力和抗剪切力,将负荷更广泛地分布在骨骼内。锁定螺钉螺纹较浅,其螺纹并不是用于固定骨板和骨。锁定螺钉和骨板之间的固定利用的是成角稳定性,而不是传统螺钉的摩擦和加压作用。锁定螺钉钉帽带有螺纹,与钢板孔对应的反向螺纹相匹配。当螺钉拧入时,它与钢板互相锁定,其固定作用并不依赖于钢板和螺钉之间的压力,而钢板也不是被紧紧地压在骨上,因而更稳定。自锁定螺钉问世以来,其他所有类型的螺钉都被称为"普通"螺钉。实际临床应用中锁定螺钉只需要穿透单侧骨皮质就可以达到相应的固定效果。

(3) 临床常见的还有空心螺钉(图 1-1-17)。空心螺钉可以沿着导针拧入,方便操作,工作原理同半螺纹松质骨螺钉。

图 1-1-16　锁定螺钉(左)和非锁定螺钉(右)　图 1-1-17　空心螺钉(依次为埋头加压、空心、空心锁定)

（二）骨螺钉的植入方法

骨螺钉可以用于骨折端加压（拉力螺钉），也可以将钢板固定于骨骼，从而在两者之间产生压力（位置螺钉）。拉力螺钉可以经过钢板植入，也可以用在钢板外。位置螺钉用于维持两个骨块的位置而不予加压。螺钉可以用于固定接骨板或者固定骨碎片，用于前者时称为接骨板螺钉，用于后者（防止骨碎片塌陷）时称为位置螺钉，后者既可以插入骨板孔中，又可单独置于骨上（又称加压螺钉）。无论螺钉被用作接骨板螺钉，还是位置螺钉，不同的装置应使用不同的螺钉。螺钉植入需要按照四个步骤进行，见图1-1-18。

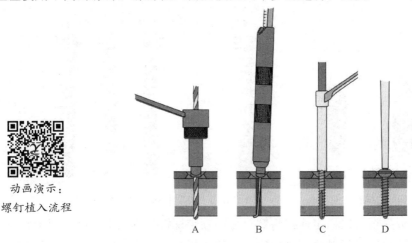

动画演示：
螺钉植入流程

图1-1-18 骨螺钉的植入流程
A. 选择和螺杆直径相同或者略大于螺杆直径的钻头打孔　B. 测深器测深
C. 用和螺纹直径一样的丝锥攻丝　D. 拧入螺钉

常用螺钉的型号及钻头、丝锥选择见图1-1-19。直径1.5 mm的皮质骨螺钉其螺钉头直径3 mm、六角凹口1.5 mm，螺纹直径1.5 mm、螺芯直径1.0 mm，用于攻丝孔的钻头为1.1 mm，滑动孔和丝锥直径均为1.5 mm。直径2.0 mm的皮质骨螺钉其螺钉头直径4 mm、六角凹口1.5 mm、螺纹直径2.0 mm、螺芯直径1.3 mm，用于攻丝孔的钻头为1.5 mm，滑动孔和丝锥直径均为2.0 mm。直径2.7 mm的皮质骨螺钉其螺钉头直径5 mm，六角凹口2.5 mm，螺纹直径2.7 mm、螺芯直径1.9 mm，用于攻丝孔的钻头为2.0 mm，滑动孔和丝锥直径均为2.7 mm。直径3.5 mm的皮质骨螺钉其螺钉头直径6 mm、六角凹口2.5 mm、螺纹直径3.5 mm、螺芯直径2.4 mm，用于攻丝孔的钻头为2.5 mm，滑动孔和丝锥直径均为3.5 mm。

（三）骨螺钉的应用

1. 接骨板螺钉　用于把骨板固定到骨骼上。操作流程和上述骨螺钉植入流程类似：选择钻头（钻头直径等于螺钉芯直径），用钻头钻透双侧皮质，测量（多1~2 mm），然后用和螺纹直径一样的丝锥攻丝，最后拧入螺钉。

2. 拉力螺钉技术　拉力螺钉的作用是对骨碎片之间的骨折线产生压力。它既可以通过接骨板上的孔放置在骨中，也可以单独使用，独立于接骨板之外。放置时螺钉最好与骨折线垂直。对于短斜骨折，螺钉应放置在骨折面垂直线与骨长轴平行线形成的夹角中央，以防止骨片滑动。在近端皮质骨上钻一个滑动孔（其直径与螺钉的外径或螺纹的外径相同），而在远端对侧皮质骨上钻一个螺纹孔（其直径与螺钉的内轴相同）。具体操作流程如图1-1-20所示。

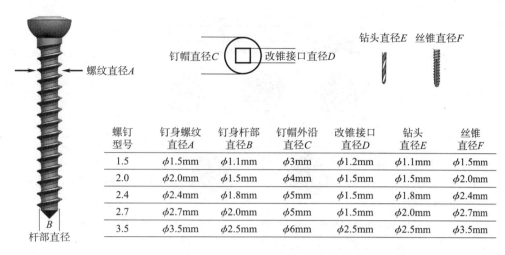

图1-1-19 常用骨螺钉的型号及参数选择

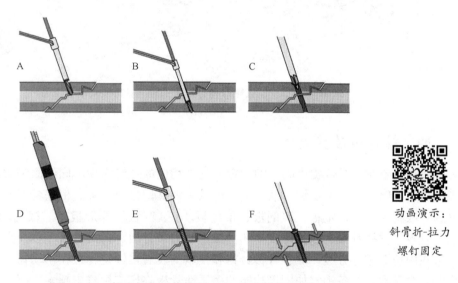

图1-1-20 拉力螺钉操作流程（A～F为操作顺序）

A. 为了插入一个带螺纹的皮质骨螺钉，用一个与螺钉螺纹外径相同直径的钻头在近端骨片上钻一个滑动孔，用钻套保护软组织和固定校准钻头 B. 通过滑动孔放置钻套指导对侧皮质骨，用一个与螺钉轴径相同直径的钻头钻螺纹孔（钻套能保证两个孔同轴同心） C. 在滑动孔处的皮质骨上，用平头钻做一个斜面，以增加螺钉与骨之间的接触面和减少螺钉头的暴露 D. 用测深尺测量所需螺钉的长度 E. 在对侧的螺纹孔上用丝锥攻丝（对于自攻丝螺钉这一步可以省去） F. 插入螺钉拧紧，以压迫骨碎片

动画演示：
斜骨折-拉力
螺钉固定

拉力螺钉是一项技术而不是植入物。螺钉植入时必须和骨折线保持垂直，如果出现不垂直情况，螺钉的拉力会导致复位的丢失（图1-1-21）。

3. 位置螺钉　目的是保持骨片的角度，使用时钻头直径等于螺钉芯直径，用钻头钻透双侧骨皮质，用测深器测量螺钉长度（多1～2 mm），攻丝后拧入螺钉，使螺钉方向和骨折线垂直使骨片保持线性，此时骨折线之间没有挤压力（图1-1-22）。操作流程和骨板螺钉类似。

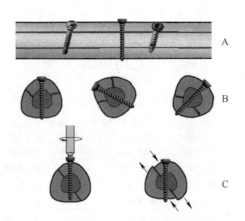

图 1-1-21　拉力螺钉必须和骨折线方向垂直（A、B），不垂直时会产生剪切力导致复位丢失（C）

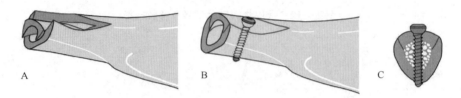

图 1-1-22　位置螺钉和骨折线垂直但骨折线间没有压力
A. 骨折骨块　B. 位置螺钉固定　C. 位置螺钉横断面

四、接骨板及其应用

骨板是紧贴于骨以提供固定的装置，配合相应的螺钉实现不同的固定效果。临床根据骨板的材质可以分为：不锈钢、钛合金、纯钛、镍钛记忆合金等。根据骨板的用途、形态可以分为：限制加压、锁定板、解剖板、重建板、1/3圆板、异形板等。根据功能不同可分为：加压骨板、支持骨板、保护性或中和骨板、张力带骨板、桥接骨板。目前小动物临床通常按照骨板的功能进行分类，随着骨科材料和技术的发展，锁定骨板在小动物临床的应用及效果优势日益显现，具备锁定加压等功能的多用途骨板临床应用越来越多。

（一）按照功能对骨板进行分类

1. 加压骨板　加压骨板（图 1-1-23）体现了对圆孔钢板的重要改革。由于其螺钉孔的特殊几何形状，使其能够在不用加压器的情况下完成轴向加压，螺钉也可在任何方向改变角度。这种钢板适用于许多不同的内固定，可用作静力加压骨板、动力加压骨板、中和骨板及支持骨板。宽和窄的动力加压骨板比半管型骨板坚固得多，很少折断。

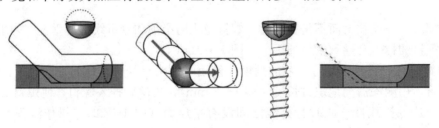

图 1-1-23　加压骨板螺钉滑动孔的形态设计

（1）加压骨板的种类。加压骨板的发展经历了动力加压骨板（DCP）,点状接触加压骨板（LC-DCP）,不仅具备加压功能同时可以实现锁定等其他功能的多功能骨板（LCP、ALPS 等）。

①DCP。1969 年，发明了动力加压接骨板（dynamic compression plate）（图 1-1-24）。DCP 上的孔是椭圆形的，螺钉被拧紧时，可产生压缩力。该设计是以球滑动原理为模型的，圆锥形的螺钉头代表球，椭圆形的孔代表倾斜的平面。随着板孔的下降，当螺钉被拧紧时，螺钉头滑向椭圆形孔的中心，此时，板下的骨头水平运动。如果骨折线两边都发生以上过程，骨头就被从两侧挤到一起，对骨折线处产生压力。这种双向的滑动孔设计不仅可以实现双向的加压，同时可以允许螺钉在骨板方向上有一定的角度改变以实现拉力螺钉和骨折线的垂直植入（图 1-1-25）。

动画演示：
短斜骨折-加
压骨板加拉
力螺钉固定

图 1-1-24　动力加压骨板

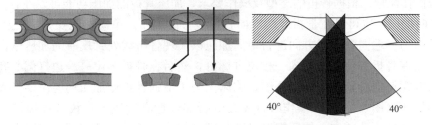

图 1-1-25　DCP骨板椭圆孔的设计及拉力螺钉移动范围示意

②LC-DCP。LC-DCP 是在 DCP 的基础上对骨板的骨皮质侧进行改进，对骨板的底面进行切割，实现与骨接触面减少，大大降低了对骨膜血运的影响（图 1-1-26）。

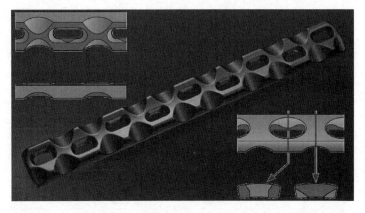

图 1-1-26　点状接触加压骨板减少了与骨的接触面，实现有限接触

(2)加压器械和流程。加压螺钉是通过挤压导钻在骨板孔中的位置来定位和实现加压的，为了实现加压必须使用相应的加压导钻和流程才能实现轴向的加压功能。

①加压导钻。目前临床使用的加压导钻有两种。一种是带弹簧的导钻，该导钻下压时为中立位，弹簧套弹起时为加压位（图1-1-27）。还有一种和骨板孔吻合的导钻，该导钻一头为中立位，另外一头为偏心孔，偏心孔向外导引时即可定位加压位（图1-1-28）。

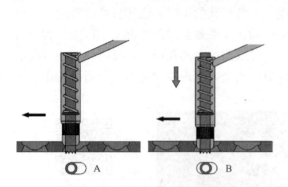

图1-1-27 弹簧导钻的工作原理及使用方法
A. 导钻远离骨折线放置，不下压弹簧套，钻取偏心孔实现轴向移位获得加压 B. 下压弹簧套后钻取中立位孔，进行中立位固定

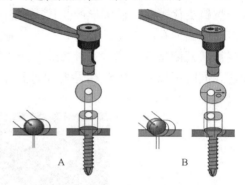

图1-1-28 双头加压导钻的原理和使用方法
A. 中立位导钻（钻取中立位孔，螺钉拧入后无轴向移动）B. 偏心位导钻（远离骨折线钻取偏心孔位，螺钉拧入后向骨折线滑动实现轴向加压）

②加压操作流程。根据骨折的类型及操作要求，加压骨板的加压功能可以在骨折线的一端向骨折线方向加压，也可以在骨折线两端向骨折线方向加压。单向加压操作为先固定骨折线一端，然后由另一端向骨折线方向进行单向加压以实现骨折线处骨皮质的加压（图1-1-29）。操作流程为先在骨折部位一边置入一枚位置螺钉，然后在骨折部位另一边打偏心孔并植入加压螺钉，随着螺钉的旋紧骨折线被压缩。临床上为了增强骨折处加压功能需要增大加压的距离，即双向加压（图1-1-30）。操作时首先在骨折部位近心端植入一枚位置螺钉，然后在骨折部位远心端钻偏心孔并植入加压螺钉，随着螺钉的旋紧骨折线被压缩。接着在近心端靠近骨折线处再打一个偏心孔，当螺钉快要旋紧之前，第一颗植入的螺钉需要旋松，这样可以使钢板在骨头上滑动至合适位置。在第三颗螺钉旋紧之后，需要重新旋紧第一颗螺钉。这样就实现了双向加压。

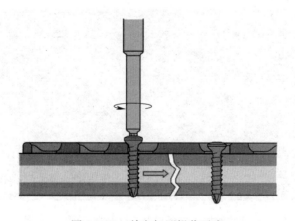

图1-1-29 单向加压操作示意

项目 1 小动物骨科基础理论

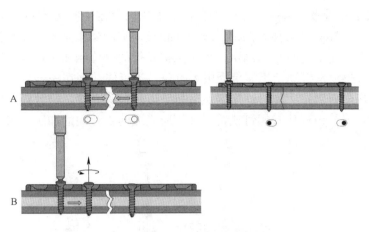

动画演示：
横骨折-单
向加压固定

动画演示：
横骨折-双
向加压固定

图 1-1-30 双向加压示意
A. 靠近骨折线两颗加压螺钉向中心加压（左），第三颗螺钉为位置螺钉（右） B. 旋紧第三颗加压螺钉前需松开第一颗位置螺钉，待第三颗加压螺钉拧紧后再拧紧第一颗螺钉

2. 支持骨板 干骺端骨折的修复可以使用拉力螺钉固定技术。骨的干骺区域由大面积松质骨及很薄的皮质骨壳包绕构成。由于载荷的原因，易受到压力和剪切力。如果骨折在干骺端皮质的壳已粉碎，压应力趋向轴向偏移或弯曲。拉力螺钉不能克服这些剪切和弯曲的非正常应力。为了防止畸形，使用支撑或支持骨板是必要的。支持骨板仅防止由于剪切应力或弯曲应力造成的轴向畸形，因此必须用于干骺部位或皮质已粉碎且受到负荷的区域。因为支持骨板的功能是支撑，所以必须被坚固地固定在主骨上，但没必要用螺钉固定在其所支撑的骨折片上（图1-1-31）。骨板必须精确地与其下面的皮质轮廓或可能出现的畸形相对应，因此通过骨板拧入螺钉的顺序和方式也很重要。必须保证在负荷下骨板的位置无任何移动。因此，如果使用有椭圆形孔的骨板（动力加压骨板、有限接触性骨板、重建骨板），其固定骨板到骨干的螺钉必须在骨板孔近骨折侧。当在该位置上施加负荷时，不会使骨板移位。

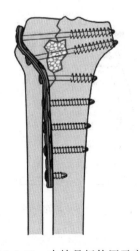

模型演示：
股骨远端外
侧髁骨折-
支持骨板

图 1-1-31 支持骨板使用示意

3. 保护性或中和骨板 如果一个骨干骨折的加压内固定由拉力螺钉完成后，再使用骨板保护拉力螺钉，这样的骨板称为保护性或中和骨板。临床操作需要首先对骨折进行复位并利用拉力螺钉对多骨折处进行加压固定，为了保护骨折的复位和加压，再使用骨板进行保护（图1-1-32）。单一拉力螺钉固定不能承受极大负荷，为了使动物在固定后早期进行肢体运动及有限地负重，用骨板对拉力螺钉固定区域骨折予以保护是必要的。骨板从抵抗扭转、弯曲和剪式应力方面，保护由松质骨螺钉或普通螺钉所完成的折片间的加压（图1-1-33）。

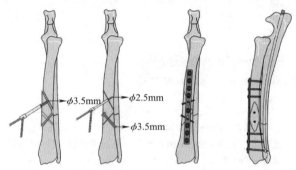

图 1-1-32 保护性骨板的操作流程示意

动画演示：
斜骨折-拉力
螺钉加中和
骨板固定

动画演示：
蝶形骨折-拉力
螺钉加中和
骨板固定

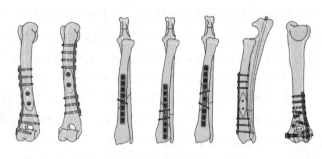

图 1-1-33 保护性骨板的应用示意

4. 张力带骨板 张力带骨板的预应力可阻止张力并将其转化为压力，这样使经骨折的压力增加并均匀地分布（图1-1-34）。

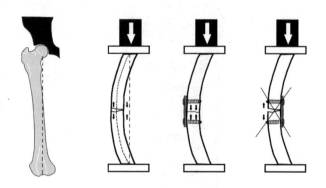

图 1-1-34 张力带骨板的原理示意

（1）张力带骨板固定的先决条件：①骨板能够承受张力；②骨可承受压力；③对侧皮质有完整的支撑。

（2）四肢骨张力面：①股骨张力面为股骨外侧面；②胫骨张力面为胫骨内侧面；③肱骨张力面为肱骨外侧面；④桡骨张力面为桡骨背侧面。

5. 桥接骨板 按照骨板的功能，一块骨板用于连接粉碎性骨折区域，称为桥接骨板；通过"夹板"作用，以一个相对稳定的方式维持长度和旋转对线，而不是通过加压提供绝对稳定。骨折愈合依赖骨痂的形成，骨板两端必须用3～4个螺钉坚固地固定在与骨板对应的骨上（图1-1-35）。桥接骨板是根据用途和功能来分类和命名的，临床也常用其他类型的骨板来实现桥接的功能。临床上有专门设计用来桥接一段粉碎的长骨的桥接骨板，它能有效地充当一个支撑板，可以使骨折部位不受刺激，构建新的生长环境，并使污染最小化，同时骨板保持长度和允许负重。使用这种骨板可以避免在骨折处留下空的螺丝孔。使用桥接骨板要求长骨的近心端和远心端无损伤且功能完好。由于粉碎性骨折并不适合加压，所有的桥接骨板都被设计成圆孔或者锁定孔（图1-1-36）。

动画演示：粉碎性骨折-桥接固定

模型演示：胫骨中段粉碎性骨折-锁定骨板桥接固定

图1-1-35 桥接骨板使用示意

图1-1-36 桥接骨板的设计

（二）按照临床应用对骨板进行分类

根据临床应用及骨板的形态可以把骨板分为锁定骨板和非锁定骨板两大类。目前临床使用的锁定骨板除了具有锁定功能还具备加压、桥接、有限接触等功能。同时还设计出了在实现锁定的目的后可以适当改变螺钉方向（以便能够根据骨折线方向进行螺钉方向的调整）的万向锁定的骨板。非锁定骨板则包括适合形态的解剖板、重建板以及T形板等类型的骨板。

1. 锁定骨板 锁定骨板（locking plates）是带有锁定螺纹孔的骨折固定器械，它可以保证螺钉和骨板通过锁定螺纹孔成为一体，起到成角稳定作用。锁定骨板与普通骨板相比，最主要的生物学差别在于后者必须对骨骼上的骨板加压，依赖骨-骨板界面的摩擦力来保持稳定。普通骨板对骨膜加压，影响骨折断端的血运，较易发生感染、内固定失败、骨折延迟愈合和骨不连等并发症。相比而言，锁定骨板遵循外固定的生物学原则，不依赖骨板与骨骼间的摩擦力。由于在螺钉和钢板间存在成角稳定界面，锁定骨板可以不接触骨骼而实现固定，因此是符合生物学观点的内固定器。从本质上讲，锁定骨板可以被看作是皮下的外固定器。

锁定骨板固定骨折的机制是桥接原则和联合原则，两种原则都适用于粉碎程度较重的骨折。桥接原则的典型方式是经皮微创骨板固定（又被称为MIPO或MIPPO技术），这时角度稳定骨板被用作内夹板来桥接负荷跨过骨折端。使用这种方法时，需要通过间接复位技术纠正肢体对线、短缩、旋转畸形，而非直接暴露或复位骨折端。与加压和中和原则提供绝对牢固固定以使骨折直接愈合相比，桥接提供的是相对牢固的弹性固定，该形式下骨折愈合是通过骨痂形成而产生的间接愈合。联合原则指在一块骨板上联合使用加压和桥接两个生物力学原则。

（1）锁定内固定器——LISS。1995 年，Tepic S 和 Perren SM 提出了锁定（locking）的概念，即使用锁定螺钉和带螺纹孔的接骨板，解决常规螺钉固定时所产生的问题。接骨板与螺钉锁扣固定的出现是接骨板骨折内固定发展史中的一次重大的理论变革，从而出现了内固定器（internal fixator）。自点状接触骨板之后，推出了微创固定系统（less invasive stabilization system，LISS）（图 1-1-37）。内固定器中螺钉与接骨板的锁扣固定，接骨板与骨面无紧密接触，最大限度保证了接骨板下方骨皮质的血液供应。

图 1-1-37　微创固定系统（LISS）及使用示意

（2）锁定加压骨板（locking compression plate，LCP）是在 AO 动力加压接骨板（DCP）和有限接触动力加压接骨板（LC-DCP）的基础上，结合 AO 学派的点状接触钢板（PC-fix）和微创内固定系统（LISS）的临床优势研发出来的一种全新的接骨板内固定系统。2001 年 LCP 的出现被誉为接骨板发展史上一个新的里程碑。这样一块骨板可以同时满足锁定、加压或两者结合的内固定方式，因此被认为是进行骨折生物学内固定较为理想的固定材料（图 1-1-38）。LCP 具有以下优点：①螺钉与接骨板具有成角稳定性；②无需对接骨板进行精确的预折弯；③对骨外膜的损伤更小，更符合微创原则；④螺钉松动的发生率更低。

模型演示：
胫骨中段粉碎性骨折-微创桥接固定

模型演示：
股骨中段短斜骨折-LCP加压固定

图 1-1-38　锁定加压骨板（LCP）及螺钉

（3）高级锁定接骨板系统（advanced locking plate system，ALPS）。2007 年，Dr. Slobodan Tepic（Kyon）延续了点状接触骨板的概念，发展了 ALPS。该骨板使用钛合金材料，增加生物相容性，增加抵抗感染的能力，骨板强度提高，应力集中区域减少，是一种可剪裁的加压锁定骨板系统。

ALPS 的特点：①骨板的点接触设计，大大降低了对骨膜的摩擦，减少了对血管的损伤；②骨板可以根据需要向各个方向折弯（图 1-1-39）；③钛及钛合金材质，具有超强的生物相容性，没有磨损，加速骨的愈合；④特殊孔的设计使得在螺钉孔的位置骨板也保持相应强度。

ALPS骨板的螺钉分为两种，一种是可以用来加压或者中立位的皮质骨螺钉，一种是锁定螺钉。皮质骨螺钉可以在骨板孔内有一定的角度变化，除可以实现加压以外还可以结合拉力螺钉使用。锁定螺钉和LCP一样和骨板固定成角（图1-1-40）。

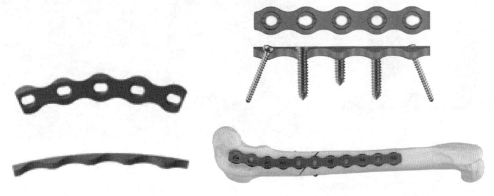

图1-1-39　侧弯和面弯　　　　　图1-1-40　ALPS的锁定和皮质骨螺钉

（4）珍珠骨板（SOP）。是一种新型的连续的圆柱和球形结构锁定骨板（图1-1-41），该骨板实现了普通皮质骨螺钉进行锁定的功能，其特点为强大的可塑形能力以及可靠的骨板强度（图1-1-42）。珍珠骨板的强度几乎一致，不会因为螺钉孔位置而导致骨板强度降低。SOP是小动物临床相对容易进行塑形而且骨板强度影响相对较小的一种骨科内固定材料。临床常用于软组织丰富的区域，骨板的厚度不会影响局部组织的愈合。

图1-1-41　珍珠骨板（SOP）　　　　　图1-1-42　SOP的塑形示意

（5）FIX in锁定骨板。是一种骨板和螺钉利用锥形耦合方式实现锁定的骨板类型（图1-1-43），该骨板种类很多，其桥接骨板头部钝圆且预留有克氏针固定孔，非常适合做微创桥接固定（图1-1-44）。

（6）万向锁定骨板。是在锁定骨板和螺钉的基础上研制的一种新型锁定骨板，该骨板不仅具有锁定骨板螺钉的成角稳定性，还可以实现和普通螺钉一样的角度改变，非常适合用于靠近关节部位的各种骨折。万向锁定骨板的改进主要是针对骨板螺纹孔和锁定螺钉头。螺钉头的改进主要是把标准的锥形螺钉头改成了圆形的螺钉头（图1-1-45），这样不仅可以实现锁定而且使该螺钉在骨板锁定空内实现30°范围的方向改变。骨板锁定孔的改变主要是把原来一周的螺纹改为四点接触的设计（图 1-1-46），也方便配合圆形螺钉头实现 30°的方向改变。

图 1-1-43　FIX in 锁定骨板

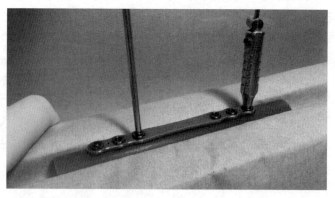

图 1-1-44　FIX in 微创桥接方式示意

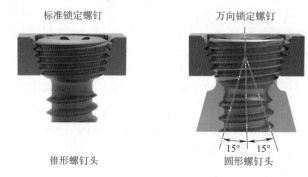

图 1-1-45　万向锁定螺钉的圆形螺钉头设计对比

图 1-1-46　万向锁定骨板的原理

万向锁定骨板的临床使用优势：①适合特殊的骨折类型（抓持某些特定的骨折块），特别是靠近关节的各种骨折；②螺钉定位更精准，覆盖范围更大；③两枚螺钉配合，可实现旋转稳定的固定。

2. 重建骨板　一些骨板专门用于小动物的骨折，如可剪切骨板（veterinary cuttable plate，VCP）在小动物临床上可以应用于非承重骨，因为长度范围比较大，可以被剪裁，也可以被重新塑形（图 1-1-47）。重建骨板除了能够实现面弯，还可以实现一定程度的侧弯，这样可以使骨板的形状更加贴近骨的形态。重建骨板普遍强度较低，临床不用于承重骨的骨折固定。

图 1-1-47　重建骨板（VCP）

3. 异形骨板 是临床中根据骨的形态和特殊的部位制作的一类特殊形状的骨板，这种骨板有特定的形态和使用位置。临床常用的有 T 形、L 形等（图 1-1-48）。

图 1-1-48 各种异形骨板

（三）特殊临床应用骨板

小动物临床还有一些特殊的手术，需要配套使用相应的骨板。临床常见的有以下几种类型。

1. TPLO（tibial plateau leveling osteotomy，胫骨平台水平矫形术）**骨板** 犬膝关节前十字韧带（CrCL）在正常情况下能够限制胫骨向前移动及向内旋转。对于强度减弱或发生变性的韧带，过度创伤常导致其断裂。前十字韧带断裂是大型犬的常见病。TPLO 手术技术是通过旋转胫骨平台，达到理想的角度，改变膝关节力学结构，是目前解决犬、猫前十字韧带断裂的主流方式之一。临床常见的骨板种类很多（图 1-1-49）。

图 1-1-49 临床常见的各种 TPLO 骨板、螺钉及原理示意

2. TTA（tibial tuberosity advancement，胫骨粗隆前移术）**骨板** TTA 手术技术是通过胫骨结节前移，使胫骨平台和髌直韧带垂直，改变膝关节力学结构使膝关节稳定。是目前解决犬、猫前十字韧带断裂的主流方式之一，目前临床常用的植入物及原理如图 1-1-50 所示。

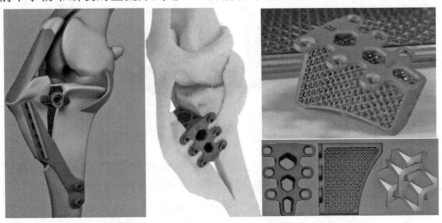

图 1-1-50 TTA 及 TTA rapid 原理示意及材料

3. CBLO（cora-based leveling osteotomy，基于旋转中心水平截骨术）**骨板** CBLO 手术技术和 TPLO 技术原理类似，通过旋转胫骨平台，达到理想的角度，改变膝关节力学结构。是目前解决犬、猫前十字韧带断裂的方法之一，尤其是对未成年犬。临床常用的 CBLO 骨板如图 1-1-51 所示。

图 1-1-51　常见 CBLO 骨板及原理

4. DPO（double pelvic osteotomy，两刀切骨盆截骨术）**骨板** 犬髋骨关节发育不良症（canine hip dysplasia，CHD）是一种中大型犬的常见髋关节疾病，会引起犬的髋关节退行性关节炎病变，并且终身持续恶化。CHD 的确切病因及发病机制至今尚不十分清楚，普遍认为犬髋关节发育不良是一种多基因性遗传疾病，其发生和发展还受环境、营养状况等因素的影响。早期干预治疗是建立在早期诊断的基础上的手术治疗，公认比较有效的早期治疗方式包括了 3.5～4.5 月龄进行幼犬耻骨联合吻合手术（juvenile pubic symphysiodesis，JPS），5～8 月龄进行骨盆两刀切手术（double pelvic osteotomy，DPO）或者骨盆三刀切手术（triple pelvic osteotomy，TPO）。其中 DPO 手术是意大利的兽医在 2006 年首次报道的，这个手术改进了传统的骨盆三刀切手术带来的骨盆狭窄与坐骨面提升的并发症。DPO、TPO 原理示意及骨板螺钉如图 1-1-52 所示。

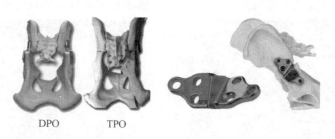

图 1-1-52　DPO、TPO 原理示意及骨板螺钉

5. 关节融合骨板 小动物临床遇到关节严重损伤或者韧带断裂时也可以考虑进行关节融合。小动物除了髋关节外，其他关节都可以使用关节融合术。临床除了用上述骨板进行关节融合还可以使用专用的关节融合骨板，常见的有腕关节融合骨板和踝关节融合骨板等（图 1-1-53）。

图 1-1-53 关节融合骨板

五、其他骨科外固定材料及应用

1. 石膏绷带 石膏绷带由上过浆的纱布绷带（图 1-1-54）加上熟石膏粉制成，经水浸泡后可在短时间内硬化定形，塑形能力强、稳定性好。因石膏绷带沉重、不易拆除等原因，现已使用不多。

2. 玻璃纤维绷带 由特制的玻璃纤维或聚酯纤维基布经聚氨酯胶浸透组合而成（图 1-1-55）。具有较好的生物相容性，无毒，无致畸、致突变作用，对局部无刺激，无过敏反应。这种绷带透气性较好，强度高，质量轻，硬化快，操作简单，舒适安全。目前临床上应用广泛。

图 1-1-54 石膏绷带　　　　　　图 1-1-55 玻璃纤维绷带

3. 可塑性卷式夹板 临床使用的可塑性卷式夹板内层是硬质可塑薄层铝板，外覆柔软的塑料，使用时可以剪裁至合适大小（图 1-1-56）。临床常用于配合自粘绷带等进行四肢骨的包扎。

4. 低温热塑夹板 低温热塑夹板是由特殊材料制成的在低温下可以塑形的夹板（图 1-1-57）。使用时首先建好形状，然后在 65～70 ℃的水中泡 2～3 min，接着吸干水分后贴覆在需要包扎的部位塑形，温度降低后塑形完成。

图 1-1-56 可塑性卷式夹板

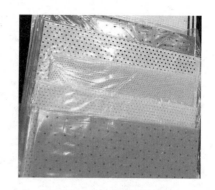
图 1-1-57 低温热塑夹板

知识拓展

一、国内外骨科金属材料发展过程

早在 1930 年人医就将不锈钢材料应用于髋关节置换。1950—1970 年，钴基合金和钛基合金开始大范围应用，并成为骨关节置换中主要的金属材料。高分子聚合物材料也开始应用于人工关节的置换手术。1970 年，记忆金属和陶瓷等材料开始应用于骨科相关的植入器械领域。

在 19 世纪就有人应用普通金属螺钉固定骨折。但是因为所用金属均有电解作用，会导致骨吸收故停止使用。20 世纪 30 年代，由于钼钢合金的出现及之后钴-铬-镍合金的问世，解决了电解溶骨问题，先后制成了 Sherman 型骨板及螺钉和 Smith-Peterson 的三叶钉，内固定得以复兴。20 世纪 40 年代，冶炼成多种不锈钢，适用于临床的是 1 铬 18 镍 1 钛不锈钢。其优点是较柔韧，能冷轧，不用铸模，相容性好。

20 世纪 90 年代，又研究出钛合金，它的弹性模量与骨组织的接近，被大量用于制造人工关节假体。陶瓷及羟基磷灰石是 20 世纪 80 年代发展起来的，前者可制成人工关节假体，后者用于填充骨缺损。1983 年以后碳素纤维也应用于骨科，在修复踝、膝侧副韧带，膝十字韧带，跟腱方面获得了满意效果。从 20 世纪 60 年代开始，可吸收生物材料（高分子聚合材料）作为缝线广泛应用。这种材料在体内可完全降解吸收，降解产物进入机体正常代谢。20 世纪 90 年代，提高了可吸收生物材料的力学强度，应用于骨科，特别是松质骨骨折内固定（如踝部骨折），减轻或消除了金属内固定应力遮挡所带来的骨质疏松及取出内固定物后的再骨折，避免了取内固定物的二次手术。

二、医用高分子材料

（一）非生物降解型高分子材料

（1）聚乙烯、聚丙烯等具有稳定性好，不发生降解、交联或物理磨损等优点，而且有良好的机械性能，对机体不产生明显的毒副作用，主要用于制作软、硬组织，人工器官等。如硅橡胶是含有硅原子的各种合成橡胶的总称，其优点是耐高低温，透气性好，便于清洁，耐腐蚀，具有良好的生物惰性，可用于引流管、人工腱鞘，还可以防止粘连。

（2）超高分子质量聚乙烯（UHMWPE）。主要用于制造人工髋臼，其相对分子质量多在$2\times10^6\sim5\times10^6$，其摩擦系数低（为0.03～0.06），抗冲击性强，耐磨性强（年磨损率为0.1～0.2 mm），是目前国际上普遍用于制造人工关节、心脏瓣膜、矫形外科零件及节育植入体等的材料，是理想的医用高分子材料。有超高分子质量聚乙烯（UHMWPE）制成的髋臼和金属股骨组成的人工髋、膝关节，耐磨性和安全性比聚四氟乙烯（PTFE）更为优异。

（3）聚酯、聚酰胺（尼龙）。无毒、质轻，具有优良的机械强度和耐磨性及较好的耐腐蚀性，主要用于人工肌腱、人造血管、手术缝线。

（3）聚甲基丙烯三甲酯，即骨水泥，主要用于骨缺损的修复，如在人工关节假体嵌插部位使用可增加接触面积，还可用于椎体成形术（表1-1-1）。

表1-1-1　非生物降解型高分子材料性能比较

材料	细分种类	性能特点	应用领域
聚合物	聚乙烯、聚丙烯	稳定性好，不发生降解、交联和物理磨损等	软、硬组织，人工器官等
	超高分子质量聚乙烯（UHMWPE）	耐冲击、耐磨、自润滑、卫生无毒、不粘性等	髋臼和金属股骨组成的人工髋、膝关节等
聚酯	聚酯、聚酰胺	无毒、质轻，具有优良的机械强度和耐磨性及较好的耐腐蚀性	人工肌腱、人造血管、手术缝线
骨水泥	聚甲基丙烯三甲酯	水溶性高分子化合物，混合凝固过程具备液态期	骨损伤修复、椎体成形术

（二）生物性可降解高分子材料

降解型材料在体温下可以在一定时间内分解为小分子化合物，由体内代谢排出体外。聚酯类是一类亲水性非常强的高分子降解材料，其中最主要的是聚乙交酯（PGA）、聚丙交酯（PLA）及其混聚物。聚酯类能在体内降解，最终被分解代谢成二氧化碳和水从体内排出。PLA具有一定机械强度和良好的加工性能。PGA支架可诱导、促进成骨细胞的黏附、增殖和分化，但其降解过快，且降解产物积聚会造成局部pH下降，导致细胞中毒死亡。PGA与PLA形成的混聚物可通过调节二者的比例来调节其机械强度和降解速率。聚酯类生物降解材料可以制成棒、针、螺钉、接骨板等，受其降解速度限制，固定部分在愈合期间不能承受较大的应力，是目前组织工程中广泛应用的支架材料，临床上多用于固定骨折愈合相对较快的骨骼，亦可用于关节镜下膝前十字韧带的损伤后重建、半月板损伤的修复，在骨组织工程学领域也是一种很有前景的细胞培养支架材料，但不适用于长骨干骨折的固定（临床愈合所需时间较长，骨折断端应力大）。生物降解材料作为内固定材料，在手术操作过程中不易割伤软组织，即使在加压情况下也不会损伤松质骨，在所固定的组织愈合之前能够保持足够的强度，随着骨组织的愈合其机械强度适当衰减，使骨折断端得到正常的应力刺激，没有金属材料存在的应力遮挡、腐蚀反应等缺点，可使植入者避免清除植入物的第2次手术，也不影响MR或CT等影像学复查，使用起来比金属制品要安全和方便。但如果内植物的降解产物太多，超过组织的清除能力，可引发迟发性无菌性炎症，表现为局部突然发红、疼痛、肿胀、有波动感，反应严重者，可发生广泛性皮肤坏死，降解速度快的PGA比降解速度慢的PLA导致的炎症发生率高，血运不佳的部位更易并发炎症反应，因此应权衡利弊，谨慎选择。

三、医用无机非金属材料

（一）生物陶瓷

1. 生物活性陶瓷　主要有磷酸钙陶瓷、生物活性骨水泥及生物活性玻璃等，生物活性陶瓷具有骨传导性，它作为一个支架，成骨在其表面进行，还可作为多种物质的外壳或填充骨缺损。目前最常用的主要有羟基磷灰石（HAP）、磷酸三钙（TCP）及两者结合使用3种。骨水泥很少引起免疫反应，系统毒性也微不足道，具有良好的生物相容性，并能和骨直接融合，在骨科临床上已经应用于股骨颈骨折的内固定增强和桡骨远端骨折内固定等。由于此类材料在生物学上缺乏有效的骨诱导性，脆性较大，抗张力、抗扭力和抗剪力差，为保证固化正常进行，应用时要求受区相对干燥，因此单纯此类材料临床应用较少，仍需进一步改进。

2. 生物惰性陶瓷　氧化铝是一种生物陶瓷，其硬度大，耐磨，生物相容性好，单晶氧化铝可用于骨折内固定，多晶氧化铝即刚玉，可制作人工关节。研究发现将氧化铝晶体纳米化合物团块浸在与生物体液相似的溶液中，其表面可生成骨样磷灰石层，提示在活体内可能形成生物活性陶瓷（如 HAP、TCP 等）。此外氧化锆陶瓷的高强度和韧性降低了破裂的风险，故被做成人工股骨头用于全髋关节置换。最近还报道研制出一种结合了氧化铝的生物特性及氧化锆的机械特性的新型物质，这种混合陶瓷比氧化铝陶瓷的磨损率低，在模拟人体环境进行初步试验的结果具有一定的应用前景。

（二）碳素材料

碳纤维有利于生物组织攀附生长，可用于人工肌腱和韧带的置换。低温裂解碳又称各向同性碳，是将烃类气体在高温下炭化，可以直接蒸镀在人工关节的运动磨损表面，作为减磨涂层。类金刚石碳膜（DLC）亦称金刚石样碳素膜，是一种非结晶的碳氢化合物，具有良好的细胞相容性、血液相容性及高耐磨性、高硬度等特点，可以沉积于人工关节表面。作为聚乙烯的对抗面，DLC 同氧化铝、钴基合金的耐磨程度相当，可显著改善矫形装置的磨损，是一种很有发展前景的膜材料。

任务反思

1. 根据骨科材料的发展总结骨科植入物的选择方法。
2. 结合小动物临床病例特点总结小动物骨科植入物和人医骨科植入物的差异。

子任务 2　小动物骨科常用器械认识及使用

子任务目标

1. 掌握常用骨科器械的名称。
2. 掌握常用骨科器械的使用方法。

任务实施

骨科手术与外科其他手术一样，是一门专项技术，手术中除一些通用器械外还需要一些专用骨科手术器械。骨科器械种类繁多，主要包括骨科牵开器、骨膜剥离器、持骨器、骨锤、骨凿（刀）、骨剪/咬骨钳、骨锉、刮匙、钢丝（针、板）工具、骨锯、断棒器、骨钻和钻头等。小动物临床中需要结合具体需求进行选择。

一、牵开器

牵开器即拉钩，其功能是充分显露术野，使手术易于进行，保护组织，避免意外损伤。骨科手术使用的牵开器根据手术中的用途分为软组织牵开器、关节牵开器以及克氏针牵开器等。

（一）骨科软组织牵开器

骨科软组织牵开器最常使用的有手动拉钩、自动牵开器和骨撬等。

1. 单/双头拉钩　临床可以用来牵拉皮肤、肌肉、肌腱和筋膜等。手术时需要助手人工牵拉方便操作并能根据手术要求进行调整，但是手术时需要增加人员的配置（图1-1-58）。

2. 自动牵开器　缺少助手的时候，自动牵开器是很重要的器械，使用它可以更好地暴露创口和骨折部位（图1-1-59）。另外，使用牵开器可以对软组织的伤害降到最低。因此小动物骨科手术时常采用自动式单钩/乳突牵开器代替人工进行创口的牵拉，既节省人力又方便操作。

图1-1-58　各种单/双头拉钩

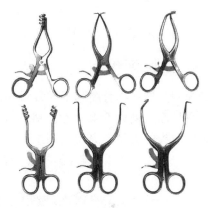

图1-1-59　自动牵开器（单钩、乳突）

3. 骨撬　骨撬是一种多用途的骨科手术器械（图1-1-60）。作为软组织牵开器可以接触到骨块，更好地暴露骨折部位。也可以用于骨折复位或者用于提起骨块，在髋关节手术中暴露髋臼、股骨头，同时也用于膝关节手术。在某些情况下，骨撬可以同时起到上述几种效果，例如可以同时牵开软组织和进行骨折复位，在实际操作中，一般由助手操作骨撬，在手术中，利用骨撬带来的力学优势在顺利完成手术的同时还可减少医生的体力支出。

（二）关节牵开器

骨科关节手术时关节腔暴露不充分往往影响操作，因此关节手术时需要使用关节牵开的相应工具——关节牵开器（图1-1-61）。脊柱手术时，应用脊椎牵开器（自动牵开器）（图1-1-62）除了可以充分显露手术野，还具有压迫软组织和协助止血的作用。

（三）克氏针牵开器

骨科手术时辅助进行克氏针拉伸或者压缩的牵开器即克氏针牵开器（图1-1-63）。

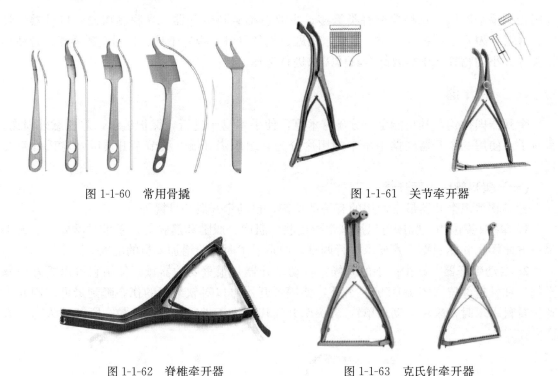

图 1-1-60　常用骨撬　　　　图 1-1-61　关节牵开器

图 1-1-62　脊椎牵开器　　　　图 1-1-63　克氏针牵开器

二、骨膜剥离器

骨膜剥离器又称骨膜起子或骨膜剥离质。应用骨膜剥离器，可将附着于骨面上的骨膜及软组织自骨面上剥离下来。骨膜剥离器有多种不同形状，其刃的锐利程度亦有所不同，常用有单头和双头的骨膜剥离器（图 1-1-64）。

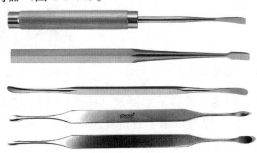

图 1-1-64　单、双头骨膜剥离器

三、持骨器

持骨器又称持骨钳、骨把持器、复位钳等。持骨器用以夹住骨折端，帮助骨折复位并保持复位后的位置，以便于进行内固定。持骨器有带齿钳、点状钳以及多功能复位钳等形式。

（一）带齿持骨钳

带齿持骨钳（复位钳）的持骨头部一般都比较宽大且带有不同大小的螺纹，方便对骨或者骨板进行夹持和复位。解剖结构不同的部位需要用到的持骨钳也不尽相同，根据功能大体分为自锁型带齿持骨钳和非自锁型带齿持骨钳。

1. 自锁型带齿持骨钳　该类持骨钳手持端带自锁锁扣（图1-1-65），夹持后靠自身锁扣可以实现不同力度的锁止功能，方便手术操作。小动物临床根据具体使用情况分类如下：

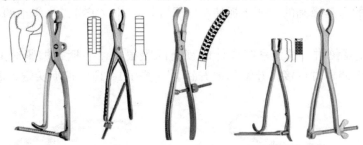

图1-1-65　各种自锁型骨钳式持骨钳

（1）中心化持骨钳。一些骨折的复位需要持骨钳钳口与手柄呈一定角度，这样的复位钳需要满足：①复杂的中枢原理，可以使钳口在张开或者闭合的时候呈直线；②可以与中枢的松弛配合的特殊的锁定装置；③小动物独特的骨骼形状需要有特殊设计角度与尺寸的器械。中心化持骨钳就是据此原理设计出来的复位钳（图1-1-66）。

（2）BW（骨墙）持骨钳。设计的目的是在骨折复位时便于置入骨针（图1-1-67）。对于拉力螺钉和骨板也十分有用，因为钻头和螺钉可以在最大限度加压复位的情况下准确穿过钳口的中心。

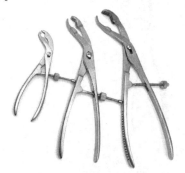 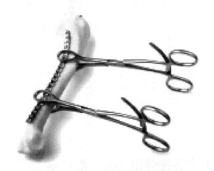

图1-1-66　动物用中心化持骨钳　　　　图1-1-67　BW持骨钳

（3）动物用三爪复位钳。是一种广泛用于宠物的传统复位器械，主要适用于体型小的猫、犬，需要最小化的接触，用于长斜型骨折的复位，在置入螺钉之前确保钢板与骨折部位之间的贴合（图1-1-68）。

（4）KERN持骨钳。可以非常有效地抓持管状长骨，快速进行骨折复位操作（图1-1-69）。这种持骨钳通用性很高，适用于股骨干骨折内固定、TPO手术、髋关节脱位固定术、髋臼骨折内固定。

 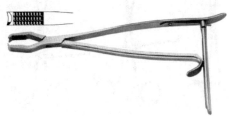

图1-1-68　三爪复位钳　　　　图1-1-69　KERN持骨钳

（5）迷你（MINI）持骨钳。小动物骨科手术中，用一般的持骨钳夹住猫和小型犬的长骨并保证不压碎是很困难的。这种复位钳的齿状钳口设计成圈状，可最大限度地夹紧和支撑骨折区域。钳口的齿是锋利的，便于抓持小的骨片，这种钳子可以作为小的骨折复位钳来使用（图1-1-70）。

（6）AO自锁复位钳。锁止系统设计的锁止间距很小，手柄在握紧时通过锁扣自动锁止。需要打开或者调整时直接打开锁扣放开锁止（图1-1-71）。根据头端形状可以分为点状和带齿两种。

图1-1-70　MINI持骨钳

图1-1-71　AO自锁复位钳

2. 非自锁型带齿持骨钳　本类持骨钳后端不带锁止装置，使用时需要人为进行夹持（图1-1-72）。虽然不具备锁止功能但此类持骨钳一般开口较大，可以夹持各种不同大小的骨头或者骨板，灵活性较高。

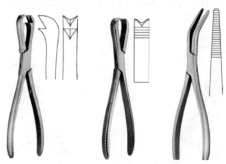
图1-1-72　非自锁持骨钳

（二）点状持骨钳（复位钳）

临床上为了方便斜骨折、螺旋骨折、蝶形骨折等的复位并能够保持稳定，常使用各种点状持骨钳（图1-1-73）。本类复位钳具备不同形状的点状头部结构和不同类型的锁止装置，可以实现各个方向稳定夹持并锁紧。小动物临床上还有一种自锁双点式复位钳（图1-1-74），当用点式复位钳复位以及加压骨骺端的碎片时，复位钳的尖头正是拉力螺钉进钉的部位，可以在正确的位置精准地钻出导向孔。这种复位钳适用于大多数肱骨远端的尺寸，尤其是猎犬的肱骨。

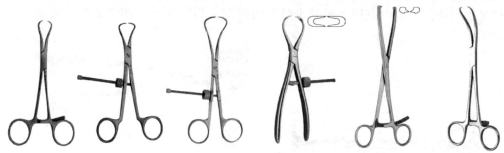
图1-1-73　各种点状持骨钳（复位钳）

（三）多功能复位钳

临床进行骨折复位时很多时候还需要有定位功能，常用复位和定位功能一体的多功能复位钳（图1-1-75）。该复位钳多为点状设计，可轻松实现多角度复位，同时具有瞄准定位和长度调节功能，其无级锁定系统使用起来也非常方便。现有的骨科工具锁定机制主要分为棘轮式或旋转锁定式：棘轮锁定通常被认为是更人性化的设计，因为无需用手或者其他人员的帮助就能锁定所需的位置；通过拧紧螺母来固定的自旋锁钳，使用时需要用手或者其他人员的帮助才能锁定所需位置。多功能复位钳的锁定机制是基于摩擦。摩擦锁非常耐磨损，即使在满负荷下释放锁也较为容易。配套的瞄准定位套筒有多种规格，可以配合各种直径的钻头使用，两段式旋转设计可以实现不同长度位置的调节。

图 1-1-74 双点式复位钳

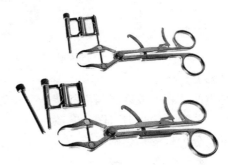

图 1-1-75 多功能复位钳

四、骨锤

骨锤的用途是敲击，包括直接敲击和间接敲击。骨锤分通用骨锤和专用骨锤，一般专用骨锤配套专门工具使用，通用骨锤则应用广泛。锤头部分多用金属制成，也有的用硬木或聚乙烯做锤头表面（图1-1-76）。骨锤一般按其重量及大小等分成不同型号：轻型主要用于指骨、趾骨及小关节的手术；中型主要用于尺、桡骨及脊骨手术；重型用于股骨、胫骨、肱骨和大关节的手术。

图 1-1-76 骨锤

五、骨凿和骨刀

骨凿和骨刀形状类似，但是使用方式和功能有差异，临床必须加以区分，不能互换使用。

（一）骨凿

骨凿的头部仅有一个斜坡形的刃面（图 1-1-77）。骨凿的刃面短而粗，因此在操作时有凿裂骨片的危险。骨凿主要用于修理骨面和取骨。根据不同的功能，骨凿的头部有单斜平刃、单斜圆刃以及半圆刃等类型。

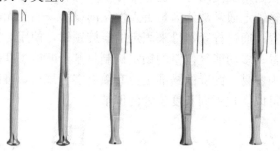

图 1-1-77　各种形状的骨凿

（二）骨刀

骨刀是由两个相等坡度的斜面相遇于一个刀口而构成，主要用于截骨和切骨。根据是否可以装卸刀头分为一体骨刀（图 1-1-78）和 AO 骨刀（图 1-1-79）两种类型。根据骨刀头部的形状又可以分为直形和半圆形等。

图 1-1-78　一体骨刀

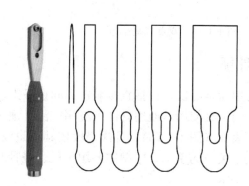

图 1-1-79　AO 骨刀

六、骨剪和咬骨钳

骨剪和咬骨钳都是切除或者修整骨的器械，使用方式和功能有差异。骨剪和咬骨钳除有各种不同的宽度和角度外，都有单关节和双关节之分。

（一）骨剪

骨剪主要用于修剪骨片和骨端。为了方便不同的位置使用，骨剪的头端有不同的角度和形状，根据咬合力的不同又分为单关节和双关节骨剪（图 1-1-80）。

（二）咬骨钳

咬骨钳主要用于咬除骨端的尖刺状或突出的骨缘。根据使用部位不同分为单关节咬骨钳、双关节咬骨钳、髓核钳和椎板咬骨钳等。

1. 单、双关节咬骨钳　用于一般骨外科手术时对骨进行修整。咬骨钳的头部有直的和弯的（图 1-1-81），咬口的宽度常用的有 2 mm、4 mm、6 mm、8 mm 等。

2. 髓核钳　髓核钳是骨科手术中的辅助器具，主要用于取出腐骨及修整骨组织。在脊

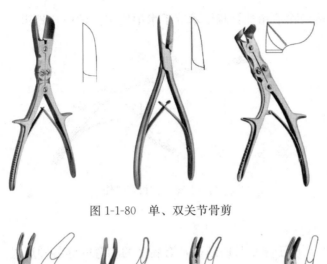

图 1-1-80　单、双关节骨剪

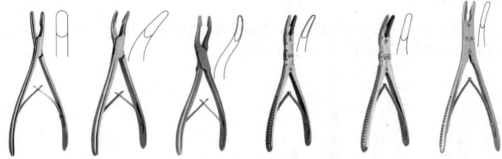

图 1-1-81　单、双关节咬骨钳

椎手术中可以用于切除肿瘤、取出髓核及摘除椎间盘和椎体间深部组织。根据髓核钳手柄部位的形状分为钳柄式髓核钳和圆圈式髓核钳，根据头端咬合口的形状分为直、上弯和下弯三种类型，根据咬合口是否镂空分为带孔和不带孔两种（图 1-1-82）。

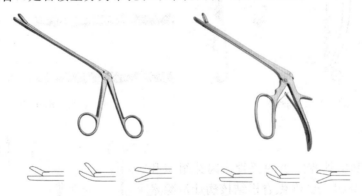

图 1-1-82　髓核钳（左：圆圈式；右：钳柄式）

3. 椎板咬骨钳　椎板咬骨钳用于脊柱手术中咬取死骨或修整骨残端（图 1-1-83）。椎板咬骨钳由钳头部分和手柄部分组成，上、下钳片之间咬合严密、受力均匀、变形量小，闭合后吻合口结合紧密，且不易产生错口、偏斜、骨渣嵌塞等现象。手柄部分由前手柄和后手柄交叉铰接而成，在前手柄的交叉铰接点上部为后推动杆，在后推动杆上设有旋转凹槽；在后手柄的交叉铰接点上端为上部开口的前基座和后基座，下钳杆的后部位于前基座和后基座的开口槽中，压杆防旋装置位于前基座和后基座之间的下钳杆外，上钳杆的后端穿过下钳杆的后部铰接于旋转凹槽中，在下钳杆的前端设有前钳嘴。临床常在椎板切除术、后路开窗颈椎间盘摘除术、连续椎板切除术和椎管减压术等手术中使用。椎板咬骨钳的头部咬口宽度临床常用的有 1～6 mm。

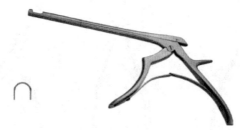

图 1-1-83 椎板咬骨钳

七、骨锉

骨锉（图 1-1-84）用于锉平骨的断端，有扁平的和弯的等各种形式。小动物临床上，还有专门用于滑车再造手术的滑车锉（图 1-1-85）。

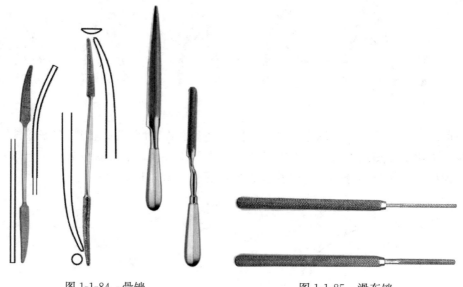

图 1-1-84 骨锉　　　　　　　　图 1-1-85 滑车锉

八、刮匙

刮匙可用于刮出骨腔内小的死骨、肉芽组织和瘢痕组织等（图 1-1-86）。在做脊椎结核病灶清除术时，必须备有各种弯度和方向的长柄刮匙，以便于从各种角度进入病灶，刮除死骨、干酪样坏死组织等。

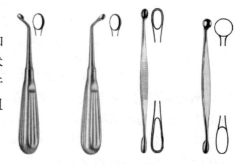

图 1-1-86 单、双头刮匙

九、钢丝（针、板）工具

临床上把钢丝、钢针及骨板植入进行固定时需要用到一系列工具称为钢丝（针、板）工具。常用的有钢丝引导器、钢丝钳、钢丝剪、大

（小）力剪、骨板折弯器、导钻、测深器、螺丝刀等。

（一）钢丝引导器

钢丝引导器由套管和插装在套管的柄组成（图1-1-87）。使用时把引导器插入骨干，然后把钢丝插入引导器的头端开口部位，通过引导器把钢丝引入预放置的位置。

图1-1-87 钢丝引导器

（二）钢丝钳

钢丝钳为钢丝的旋紧固定装置。根据用途分为钢丝钳和钢丝旋紧器两大类。

1. 钢丝钳 钢丝钳是旋紧钢丝的简单工具，根据形态分为柄环式和手握式两种（图1-1-88）。主要功能是通过两侧钢丝的绞合拧紧钢丝，部分钢丝钳还有剪断钢丝的功能。

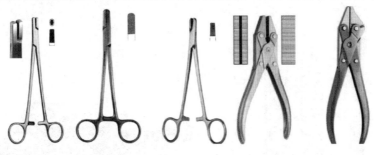

图1-1-88 钢丝钳（柄环式、手握式）

2. 钢丝旋紧器 钢丝通过绞合结固定时往往会有轻微的滑动，尤其是在光滑的骨皮质环扎时更加明显。因此临床常用钢丝旋紧器通过环形结（单/双环）进行环扎（图1-1-89）。

图1-1-89 钢丝旋紧器

（三）钢丝（针）剪

钢丝（针）剪是用于剪断牵引针或钢丝的手术器械（图1-1-90），主要用于剪断钢丝或者钢丝结，同时可以用于剪断细的克氏针（直径2.0 mm以下）。根据用途分为顶切钳（断端保留很短）和直（侧）口切钳。

（四）大（小）力剪

临床遇到直径大于2 mm的克氏针或者骨板需要剪裁时就需要用到小力剪或者大力剪（图1-1-91）。最大剪切直径需要参考器械自身说明，切勿超标使用以免损坏器械。

（五）骨板折弯器

1. 成对骨板折弯器 成对骨板折弯器需要两个同时配合使用。对多数骨板进行面弯就可以满足塑形要求。对重建骨板还可以进行一定程度的侧弯（图1-1-92）。

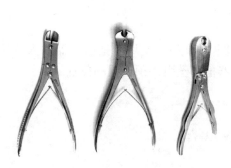

图1-1-90 钢丝剪

图1-1-91 小力剪（左）和大力剪（右）

2. 台式骨板折弯器 临床上，大型犬承重骨一般使用3.0~4.5 mm厚的骨板，很难使用成对折弯器手动折弯。台式骨板折弯器可以折弯多种骨板，也可放入高压灭菌器进行灭菌（图1-1-93）。

图1-1-92 成对骨板折弯器

图1-1-93 台式骨板折弯器

3. 万能骨板折弯器 不同型号的万能骨板折弯器适用于不同宽度的重建型骨板，包括ALPS（高级锁定接骨板系统）和普通重建骨板，可实现侧向和纵向折弯（图1-1-94）。

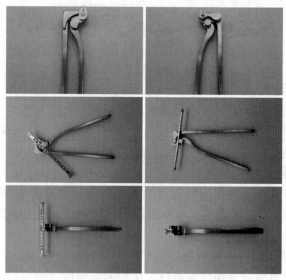

图1-1-94 万能骨板折弯器

(六) 导钻

旋入针、钻头、丝锥时，导钻可以将软组织和植入物很好地隔开，同时将导孔最上部的齿放置在骨上，能方便地进行定位。还可配合不同的骨板使用。

1. 普通导钻（单/双头） 该导钻主要是钻孔时进行定位和保护软组织，根据钻头或者牵引针的大小不同有不同的孔径，头端一般为锯齿状（图 1-1-95）。

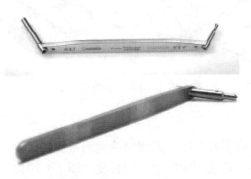

图 1-1-95 普通导钻

2. 通用导钻 一般是双头，既可用于普通骨板也可用于加压骨板。在通用导钻的内套管处于弹开状态时，内套管顶住骨板孔的底端，这时导钻就处于处于偏心位（加压）；相反，下压内套管与骨面接触时，内套管收缩，这时外套管的前端球形表面贴住骨板孔，导钻就处于中立位（图 1-1-96）。通用导钻适用于 DCP、LC-DCP、LCP。

3. 加压导钻 DCP、LC-DCP、LCP 的椭圆孔设计，当做加压骨板使用时部分孔需要打偏心孔，临床上常用专用的加压导钻（图 1-1-97）。

图 1-1-96 通用导钻　　　　　　　　图 1-1-97 加压导钻

4. 锁定导钻 具备锁定功能的骨板在钻孔时往往要求打孔方向和骨板垂直，与其匹配的导钻很多可以和骨板旋紧以固定方向（图 1-1-98）。临床适用于 LCP、SOP 等。

5. 平行导钻 用来准确地置入钻头、克氏针，位于其头部的三个孔可用来置入平行的抗旋转力的针（图 1-1-99）。

图 1-1-98 锁定导钻　　　　　　　　图 1-1-99 平行导钻

6. C形导钻　C形导钻可用于肱骨远端内外髁骨折、圆韧带再造术等进行定位引导的手术（图1-1-100）。

图1-1-100　C形导钻

（七）测深器

手术时为了选择合适的螺钉长度，需要精确地测量孔的深度。根据不同螺钉的直径，可以选择不同种类的测深器。通过测深器出孔的长度（图1-1-101），选择比刻度更长一点的螺钉，这样可以使螺钉完全贯穿双侧皮质。适用于自攻螺钉和锁定螺钉。

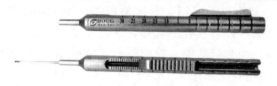

图1-1-101　测深器

（八）埋头钻

如果螺钉不通过钢板，而是直接从骨表面植入，则需要用埋头钻在骨皮质的表面钻出适合螺钉头大小的形状，这样有助于减少对软组织的刺激（图1-1-102）。当用拉力螺钉置入相对比较小的骨折部位时，这个步骤尤为重要。但是使用埋头钻不当时可能会导致碎骨片的骨折。

（九）螺丝刀

骨科手术时螺丝钉的拧入需要使用配套的螺丝刀。螺丝刀的种类很多，根据功能分为普通手柄螺丝刀、扭力螺丝刀、AO快装螺丝刀等。

1. 普通手柄螺丝刀　一般手柄和螺丝刀头一体设计，根据螺钉帽的不同有不同花纹和大小的螺丝刀头（图1-1-103）。拧入螺钉时用力大小完全依靠术者把握。还有一部分螺丝刀带有持钉套，拧入时方便暂时固定螺钉。

图1-1-102　埋头钻（T形/AO快装）　　　　　图1-1-103　普通螺丝刀

2. 扭力螺丝刀 扭力螺丝刀的刀头和普通螺丝刀类似，主要差别是扭力螺丝刀能够控制或者调解旋转的力度，根据不同的需求保护螺钉和骨板的螺纹不受破坏，常用于锁定骨板和锁定螺钉植入（图 1-1-104）。

3. AO 快装手柄 这种器械的头部是 AO 半圆接口，配用 AO 钻头、丝锥和起子，使用该手柄可以提高手术效率。临床常用的直形和 T 形快装手柄（图 1-1-105）。

（十）丝锥

用钻头打孔测深后首先需要用丝锥对孔进行攻丝，然后再拧入螺钉。常用的丝锥有 T 形和 AO 快装两种。丝锥的选择要和螺钉配套（图 1-1-106）。

图 1-1-104 扭力螺丝刀和扭力转接头

图 1-1-105 AO 直形/T 形快装手柄

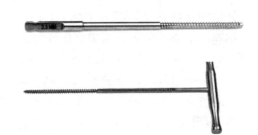

图 1-1-106 T 形和 AO 快装丝锥

十、骨锯

临床锯开（断）骨时需要用到骨科专用骨锯，常用的有手动骨锯（图 1-1-107）和电（气）动摆锯（图 1-1-108）。有专用的电（气）动摆锯，也有骨科电（气）钻共用主机系统。

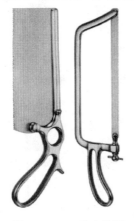

图 1-1-107 手动骨锯

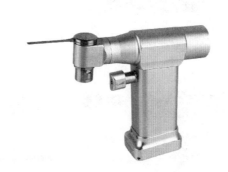

图 1-1-108 电（气）动摆锯

十一、断棒器

临床植入的髓内针剪断时如果使用大力钳或大力剪，断端会残留比较锐利的边缘。而用断棒器（图 1-1-109）切断的针断端整齐，操作起来更简单、方便。断棒器不但可以剪出平滑的（不锋利的）切口，而且被切断的针尾部可以留在断棒器内，而不像一般的钢针剪剪断后会飞出去。断针器可以剪直径为 4 mm 的钢针。临床上，断针钳也可以达到类似的效果（图 1-1-110）。

图 1-1-109　断棒器　　　　　　　　　图 1-1-110　断针钳

十二、骨钻和钻头

常用的骨钻有空心手钻（图 1-1-111）、手摇骨钻（图 1-1-112）、电动钻（图 1-1-113）、气动钻等。空心手钻主要用于克氏针穿刺。手摇骨钻构造较简单，只能用于在骨上钻洞。其优点为灭菌方便，又因其转动速度较慢，不产生高热，故不致引起钻孔周围组织"灼伤"。电（气）钻构造复杂，维护要求较高，除可用于钻洞外，还附有各种形状和大小不等的锯片。除去钻头，装上锯片后，即成电动锯、气动锯，可用于采取植骨片和截骨等。电动钻和气动钻还附有修整骨面的附件，故适用范围较广，对缩短手术时间有一定帮助。

常用的钻头有多种不同直径，选用时，必须与螺丝钉相匹配。钻头有普通钻头和 AO 快装钻头两种类型（图 1-1-114）。

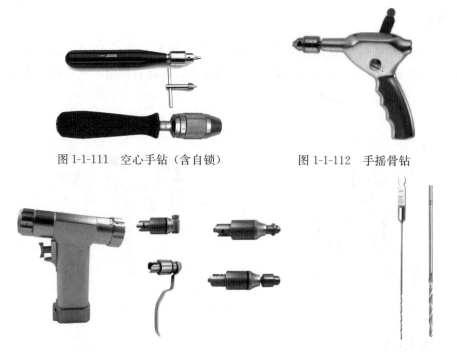

图 1-1-111　空心手钻（含自锁）　　　　图 1-1-112　手摇骨钻

图 1-1-113　电动钻主机及配套头（常规、快装、摆锯、针）　　　图 1-1-114　钻头

项目 1　小动物骨科基础理论

> **任务反思** >>

临床常用的骨科器械有哪些？如何应用？

任务 2　小动物骨科技术原理和临床应用

> **任务目标** >>

了解骨科手术治疗的发展历程；掌握钢丝、钢针、螺钉、骨板以及骨外固定技术原理及临床应用技术。

> **相关知识** >>

一、AO 技术理论

（一）发展历程

20 世纪上半叶，对于骨折的治疗着眼于骨折复位以促进骨折愈合和预防感染两个方面。在这个时期，骨折的治疗方法局限于使用石膏或者牵引制动患肢。在骨折愈合的整个过程中更多的是对功能恢复进行限制而非促进。

AO 就是德文 "Arbeitsgemeinschaft für Osteosythese" 的缩写，其英文为 "association for the study of internal fixation" 即 "内固定研究学会"，1958 年在瑞士成立。早在 AO 成立之前，就有许多学者开始关注对骨折进行手术固定的必要性，包括 Lambotte 兄弟（Elie 和 Albin），Robert Danis, Gerhang Kuntscher, Raoul Hoffmann 以及 Roger Anderson。但是由于许多难以逾越的障碍，如制造工艺、冶金技术、生物学方面的难题，特别是手术内固定引起的感染，都不能得到很好地解决，因此，他们的观点和发明并没有被广泛地接受和应用。Albin Lambotte 的稳定内固定系统、Gerhang Kuntscher 的改良型髓内钉、Lorenz Bohler 或者 Jean Lucas-Championniere 和他的学生们所倡导的早期功能锻炼（仍以牵引作为主要的治疗方式）等创新思维或新发明，并不能很好地解决骨折治疗过程中的两大关键问题——对骨折端进行有效的夹板式固定，同时保证可控制的关节运动，因而难以得到进一步发展。

20 世纪 40 和 50 年代，瑞士工人劳动保障委员会保险公司提出：为什么多数骨折愈合只需要 6~12 周，而患者恢复工作能力却需要 6~12 个月？Robert Danis 的亲笔书信以及随后的一次个人访问，极大地启发和激励了 Maurice E Muller 以及早期的 AO 小组成员。Danis 经验性总结的核心思想是：如果使用能够绝对稳定固定骨折端的加压装置，骨干骨折的非骨痂性骨愈合将成为可能。在骨折愈合的过程中，邻近关节和肌肉可以进行安全、疼痛较轻的功能锻炼。受到这一设想的启发，为了将其应用于临床，以证实其是否有效及为何有效，Muller 和 AO 小组掀起了一场包括外科技术创新、技术研发、基础研究、临床验证在内的革新运动。这实际上是一个通过改良骨折治疗方法，从而改善患肢功能预后、降低治疗风险和并发症发生率的过程。他们通过编写教材和新型的授课方式来传播治疗原则和手术技术。世界上其他的一些专家小组，为了改善创伤治疗方法这一共同目标，也在进行同样的工作。

（二）AO 原则

目前的 AO 原则，与 1962 年出现的早期 AO 原则十分相似。该原则最基础的特征是对患者和骨折采取适当的治疗方式。要做到这一点，就要求对患者和骨折的各种因素有详尽的了解。这些因素将影响骨折的治疗和预后。

1. 最初的治疗原则　①解剖复位；②骨折端间的加压、坚强的内固定；③无创技术；④早期无痛性功能锻炼。这些原则曾经被认为是获得良好骨折内固定的基础。但是，随着对软组织重要性、骨折固定的生物力学原理、骨折愈合过程认识的深入，AO 系统对一些概念进行了修正，以便使这些原则能够更好地适用于所有的骨折治疗，而非仅仅适用于手术内固定治疗。

2. AO 原则涉及内容　包括解剖学、生物学、康复运动等诸多方面，至今该原则仍被作为骨折治疗的基础。保证骨折端绝对稳定曾被认为适用于所有类型的骨折，但是现在认为这一原则仅仅适用于关节内骨折以及少数与关节相关的骨折，从而避免对软组织和血液供应系统的损伤。对骨干骨折而言，必须纠正分离/短缩移位、成角移位、旋转移位，但是完全的解剖复位并不是必需的。如果需要固定骨折端，则通常使用髓内钉以提供相对稳定的固定，从而通过促使形成骨痂达到骨折愈合。即使临床数据更偏向于使用骨板固定，适当的计划和细致的外科手术操作也有利于保护骨折块的血液供应和骨折周围的软组织。微创手术技术的新进展将更有利于达到这一目的（保证血液供应和保护软组织）。

对于骨干的简单骨折，使用骨板固定和髓内钉固定的效果是不一样的。如果采用骨板固定，就必须保证骨折端的绝对稳定性。相反，复杂骨折可以使用"夹板固定"，包括所有适用内固定原则的髓内钉、外固定架、桥接骨板，为骨折端提供相对稳定的固定。关节内骨折要求完全的解剖复位以及绝对的稳定性，以促进关节软骨的愈合，这使得早期跟随 PC-Fix 系统推出的内固定装置，今天已经演变成锁定加压骨板（LCP）装置。锁定螺钉具有角度稳定性，并防止骨板压迫骨面，其使用从根本上改变了骨板固定的理念，同时也要求我们对 AO 原则进行更进一步的理解和诠释。

对软组织的良好处理是治疗骨折的基础，这将保证骨组织获得足够的血液供应，这一点也应当在骨折治疗的每一个阶段得到良好的体现。对骨折以及软组织损伤情况进行全面评估有助于在术前制定合适的手术方案，包括手术通路、复位方式（直接复位或间接复位）、内固定方式、内植入物的类型等，从而使治疗方案符合骨折愈合的生物学过程以及动物的功能要求。

（三）AO 技术存在的问题

（1）由于追求坚强的内固定，特别是对粉碎性骨折和复杂骨折，为达到骨折端的坚强固定，有时不得不进行广泛剥离，破坏周围血液供应，从而导致固定端骨质疏松，骨折延迟愈合或不愈合，甚至发生感染。

（2）AO 原则虽然也含有无创操作的内容，但是为了达到坚强固定和解剖复位的目的，常以严重损伤骨的血液供应为代价，并不能实现真正的无创操作。

（3）骨折经精确解剖复位、坚强内固定，断端不会发生坏死吸收，也不产生外骨痂，骨折是由骨单位越过断端重建。这种直接愈合或一期愈合并不牢固，往往在取出骨板后发生再次骨折。

（4）经过这种严格措施后，并非总能实现早期无痛性功能锻炼。相反，个别患者为追求早期锻炼，效果适得其反，甚至发生内植物断裂或再骨折。

二、BO 技术理论

（一）发展历程

随着 AO 技术的应用日益广泛，其弊端也越发突出，如常发生术后骨不连、感染、固定段骨质疏松和去固定后再骨折等并发症。针对上述情况，AO 学者对其固定原则的科学性进行反思后认为，AO 技术的弊端主要是过分追求固定系统力学上的稳定性，而未重视骨的生物学特性。从 20 世纪 90 年代初开始，AO 学者 Gerber、Palmar 等相继提出了生物学固定（biological osteosynthesis，BO）的新概念，强调骨折治疗要重视骨的生物学特性，不破坏骨生长发育的正常生理环境。其内容主要包括：①远离骨折部位进行复位，以保护骨折局部软组织的附着；②不强求骨折的解剖复位，但关节内骨折仍要求解剖复位；③使用低弹性模量的内固定物；④减少内固定物与骨皮质之间的接触面积等。

不难看出，BO 技术的核心宗旨是保护骨的血液供应。通过 BO 技术，骨折愈合为典型的二期愈合，即骨愈合历经血肿机化、骨痂形成和骨痂塑形等阶段，表现在 X 线平片上即大量外骨痂生成。与既往 AO 技术追求的无骨痂性一期愈合相反，BO 技术认为，骨痂的出现是提示骨折愈合的积极反应。

（二）BO 技术的概念

BO 技术的基本概念是：在骨折的复位固定过程中，重视骨的生物学特性，最大限度保护骨折局部的血液供应，而不影响骨的生理环境，使骨折的愈合速度更快，防止各种并发症的发生。从其概念可以看出，BO 技术的外延较广泛，而内涵则不确定，凡能保证骨组织血液供应的骨折治疗手段和技术，均可归于 BO 技术范畴。因此，BO 技术并不是一种理论体系，而是一种"策略"。在 BO 的概念里，骨折愈合不像以往 AO 技术那样追求一期愈合，而是二期愈合，即骨折的愈合方式并不重要，实现最短的愈合时间和最好的功能恢复才是目的。BO 技术与 AO 技术并不矛盾，前者是对后者的补充和完善。追溯内固定发展的历程，不难发现，尽管 BO 技术的概念出现在 20 世纪 90 年代以后，但是 BO 技术中的许多理念很早就孕育在 AO 技术之中，例如 AO 小组在成立之初，就提出了无创操作，这正是当今 BO 技术的核心，可惜这一观念在当时过分追求固定牢固的情况下，并未受到应有的重视。又如，有限接触动力加压骨板（limited contact dynamic compress plate，LC-DCP），通常认为属于 BO 技术，但是早在 20 世纪 70 年代，研究 AO 技术的学者就报告了 LC-DCP 的使用经验。

（三）BO 技术存在的问题

BO 技术属于发展中的新概念，而非成熟的理论体系，虽然各种与 BO 技术策略相关的基础研究和临床研究日渐增多，真正被认为且可以推广的并不多，更多的报告是探索性的，许多方法还存在技术和理论上的不足。例如，应用间接复位和微创接骨板技术（MIPO）时，最大的困难是术中如何确认骨折端的对位、对线和长度达到了功能复位的要求。虽然 Krettek 等介绍了一些简单的方法，如：在冠状面，利用图像增强器在股骨头、膝关节和踝关节中心三点连线,判断有无内外翻畸形;在矢状位,利用膝关节过度伸展试验、Blumensaat试验和胫骨平台坡度等,防止下肢过屈和反屈畸形;下肢长度主要用图像增强器定位结合刻度杆测量;利用髋关节旋转试验等,判断下肢有无旋转畸形等。但是这些方法在术中并非总是可用的。目前临床在行MIPO时,缺乏专用骨板,给手术操作带来很大困难。此外,从文献报告的BO技术应用情况来看,普遍存在以下问题:病例数较少、缺乏对照、手术时间偏长;手术对象仅限于下肢的股骨和胫骨;对施术者、术中X线检查和器械的要求也比较高。

尽管如此,与传统方法相比,BO技术在促进骨折愈合,降低骨不连、延迟连接、骨髓炎及内固定断裂的概率,减少自体骨移植等方面,已经显示出显著的优越性。因此,随着对骨生物学特性作用认识的提高,BO技术必将在未来的骨折治疗中扮演重要的角色,当务之急是进一步加强相关的基础研究和临床研究,研制配套的专用器械和内固定物,完善其理论体系。

三、CO技术理论

CO是指中西医结合治疗,被称为中国接骨术(Chinese osteosynthesis),其核心理念为"筋骨并重、动静结合、内外兼治、医患配合"。早期的CO技术治疗骨折主要采用闭合手法复位、小夹板制动及长管状骨的骨牵引等,往往无法满足骨折治疗的需要。随着治疗理念的发展,外固定支架、复位外固定支架及微创辅助治疗(克氏针、关节内的撬拨复位等)逐渐融入CO技术中。CO技术旨在坚持主要非手术治疗的骨折,并辅以微创及有限的手术治疗。在CO技术理念中,中药在闭合与开放骨折中的作用不尽相同。在闭合骨折中,主要作用是促进骨折处血液循环,增加局部血液供应,促进血肿机化和成骨细胞增生,加速外骨痂形成;在开放性创面中,主要作用是调节局部免疫功能,利用各种细胞因子促进创面愈合。

四、骨折生物力学原理

生物力学(biomechanics)是一门交叉学科,以力学原理和方法探讨人体及其他生命体的有关力学问题,涉及多个学科领域。而骨生物力学正是利用生物力学理念来研究和分析动物肌肉-骨骼系统在正常情况下和遭受创伤、病变或手术治疗后的力学特性与生物学效应,进而为骨科临床及基础研究提供科学的理论指导。同时,将生物力学理念与中国传统医学骨伤科治疗理念相结合,既促进了中国传统医学骨伤科研究和治疗的发展创新,又为世界范围内骨科疾病治疗提供了中国智慧。

(一)骨的生物力学特性

1. 不同载荷作用下骨的力学性质 骨生物力学中最基本的概念是应力(stress)和应变(strain)。应力指加在物体上作用力的大小,或指物体对外来作用力所产生的分子间阻力。骨组织的应力即骨组织受外力作用而产生的内部阻抗力,其大小等于单位骨面积所承受的外力。应变指物体由于外来作用力所产生的线尺度的改变,或指物体在某一点上的变形。骨的横向应变ε'与纵向应变ε的比值称为泊松比($u=\varepsilon'/\varepsilon$),是骨组织的一个固有常数,这一比值在皮质骨中是$0.28\sim0.45$,即当骨在受力方向应变是1%时,与其垂直方向的应变是$0.28\%\sim0.45\%$。作用在骨骼或关节上的力产生两种效应:一是外部效应,即外力使被作用物体的运动状态发生改变;二是内部效应,即外力使其结构、形态发生改变。用应力和应变可描述骨骼受力后的内部效应。

对肌肉-骨骼系统的生物力学研究包括其组织结构、力学性质、功能运动控制、强度及其形态参数、力学分析和定量计算、几种基本的变形形式、疲劳强度、断裂特性、愈合能力等。骨组织的生长与变化是与应力和应变相联系的。应力与应变对骨的改建、生长和吸收起着重要的调节作用。根据载荷作用方式和作用效果的不同,可将应力分为压缩应力、张应力和剪切应力。当载荷作用于骨的轴向使其在轴向上发生长度的缩短时,产生的应力即压缩应力;若载荷作用于骨的轴向使其在轴向上发生长度的延伸时,则产生张应力;当载荷作用使骨横截面间相互错动时,则产生剪切应力。剪切应力在截面上的分布规律很难确定,骨组织对剪切应力的抵抗能力较差。在实际力学实验中,上述三种应力一般同时存在。

2. 骨的强度与刚度 骨的强度和刚度是由骨的物理特性和生物学特性决定的。骨的强度即骨骼抵抗破坏的能力,也是骨的内在特性,这种破坏通常是指骨的断裂或产生了过大的塑性变形。而骨的强度分为弹性强度、最大强度和断裂强度。密质骨的强度因外力作用的方向不同而不同,如股骨的纵向极限拉伸强度是135 MPa,而横向极限拉伸强度只有53 MPa;而松质骨的强度在很大程度上取决于骨小梁的密度和走向,不同部位的强度差别可达20倍。要保证骨骼的正常功能首先要求骨骼有足够的强度,能在载荷作用下不发生破坏。

刚度是指骨骼抵抗变形的能力,刚度有大小之分,例如某个构件的刚度大是指这个构件在载荷作用下不容易变形。

3. 应力-应变曲线与骨材料的力学性质 应力-应变曲线可反映骨材料的力学特性(图1-2-1)。在外力的作用下,骨的应变是随应力变化而变化的。

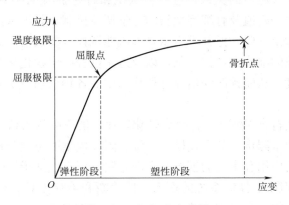

图 1-2-1 应力-应变曲线

骨的应力与应变的关系可分为两个阶段:弹性阶段(elastic)和塑性阶段(plastic)。弹性阶段是指应力增加达到骨的弹性极限(proportional limit)或屈服点(yield point)之前,在此阶段应变随应力增加呈线性比例增加。此时发生的变形均为弹性变形。如果在弹性阶段撤销外力,变形的骨组织可恢复到受力前的状态,其变形过程中所消耗的能量也可随之恢复,这一现象称为弹性状态。骨组织可以不断地改变其结构和形状以适应不断变化的力学环境,从而达到最佳的骨强度。塑性阶段是指屈服点之后的阶段,此时骨组织已发生结构损坏而产生永久性的变形,又称塑性变形。当应力增加到一定程度,骨发生断裂(骨折),导致骨折所需的应力称为最大应力或骨的强度极限。而屈服点后的应力-应变曲线反映了骨组织的延展性(ductility)或脆性(brittleness)。屈服点与骨折点之间的曲线越短,表明骨的脆性就越高，反之，其延展性就越好。应力-应变曲线下区域的面积大小反映了骨折产生过程中消耗的能量，称为骨的韧度（toughness）。

在弹性阶段的曲线斜率称为弹性模量（modulus of elasticity），表示骨材料抵抗变形的能力（刚度）。用 $\sum$ 表示弹性模量：$\sum$ =应力/应变，（其单位与应力相同，即为 psi 或 Pa）。如果实验在张力或拉力的条件下进行，应力应变率也称为杨氏模量；如果实验仅在剪切力条件下进行，应力应变率就称为剪切模量 G（shear modulus G）。弹性模量越小表明骨材料越柔软，反之，则骨材料的形变越困难，骨材料就越坚强。一般钢材的弹性模量是 200 GPa，湿的密质骨（人的股骨）的弹性模量大约是 18 GPa。骨和软骨都是黏弹性材料：骨是矿物质和有机成分构成的二相（固相和液相）复合材料，骨的有机质中含有大量的胶原纤维，具有较强的变形能力，可传递流体压力，因此具有较强的黏弹性。

随着生物力学在骨伤科领域的应用以及研究的不断深入，许多诊断方法和治疗手段已获得改进，人工植入物、手术方法及手术器械不断创新且日趋完善，生物力学必将成为骨科临床和科研的重要工具并在骨的生长、发育、损伤及修复的力学性质研究与临床诊治方面产生深远影响。骨的生物力学研究已经得出一些有价值的结论和假说。骨骼对机械负荷的适应过程及骨量重新分配而适应力学环境的机制称为骨的"力学调控系统"（mechanostat），然而这种调控机制是否只适用于骨，软骨组织（如关节结构、髌板）和胶原组织（如韧带、肌腱）及血管、神经是否也受到这种机制的调控，还需要深入研究。通过对肌肉-骨骼系统生物力学性质的分析及对内、外固定系统的力学性能的研究，能更进一步了解和全面认识各种损伤和骨的生长、愈合及应力的关系，进一步认识和研究肌肉-骨骼系统生物力学的重建阈值、塑形阈值、细微损伤阈值及骨细胞生长的力学调控机制。骨细胞虽然已被证实能够对骨所受到的负荷和应力做出反应，但并不表示骨细胞能调控这些阈值。而要解决这些难题，就必须知道调控这些阈值的细胞和调控机制，以及这一过程的生物化学基础。这样才能通过调控阈值来改变骨的强度，从而预防和治疗骨科临床中的各种损伤与疾病，如老年骨质疏松症的预防和治疗。

通过对骨组织重建符合 Wolff 定律（骨转化定律）的不断深入认识，为控制活体骨的重建性能的应力，进行力学测定、数学建模、三维有限元模型的定量分析及骨科新材料、新型内外固定器械的研究与应用和术式的创新开启新思路；更有效地指导骨科临床，有助于骨科医生更好地理解和治疗肌肉-骨骼系统的疾病，使诊断和治疗更具有科学性；为中医骨伤特色疗法治疗骨伤科各种损伤和骨疾病的力学环境进行数学建模、力学测定与定量分析提供依据，结合临床不断开拓创新使中医骨伤科学获得全新发展，为中医药的现代化、世界化发展奠定良好基础，更好地为医学临床与研究服务。

子任务1　钢丝、钢针的应用技术

★ 子任务目标

1. 掌握钢丝的使用方法及临床应用。
2. 掌握钢针的使用方法及临床应用。

任务实施

一、钢丝的临床应用技术

钢丝在小动物临床是一种成本低、用途广的内固定材料，可以单独使用或者配合钢针、骨板等使用。钢丝具有直径细和可屈的特点，可以穿过骨内人工隧道环扎或固定，能有效地保持某些骨折的复位。临床根据其功能分为矫形钢丝和张力带钢丝。

（一）矫形钢丝的应用技术

矫形钢丝通常用于环扎术和半环扎术（图 1-2-2），也与其他内固定材料联合应用，提供骨折轴向支持、扭曲支持和弯曲支持。环扎术是用矫形钢丝围绕骨周围缠绕；半环扎术是指在预先打孔的骨骼上缠绕矫形钢丝。环扎钢丝是骨折固定的一种十分有用的方式。尽量选择直径比较大的钢丝，使钢丝在骨膜上的滑动最小化。

1. 环扎钢丝的应用原则　环扎钢丝能增加长斜骨折、螺旋形骨折以及蝶形骨折的稳定性。当环扎钢丝用来固定骨折时，必须对骨折面产生足够的压力以防止骨的移动和错位。因此必须达到以下条件：

（1）骨折必须是长的斜骨折或长的螺旋骨折构型，骨折线≥骨骼直径的 2 倍。

（2）钢丝距离碎骨片尖端的距离必须是骨骼直径（X）的 0.5 倍，钢丝的间距为骨直径的 0.5~1 倍，钢丝必须垂直于骨骼的长轴（图 1-2-3）。

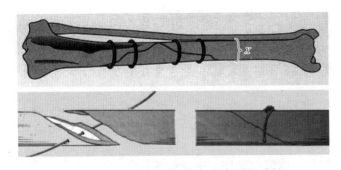

图 1-2-2　钢丝的环扎（上）和半环扎（下）

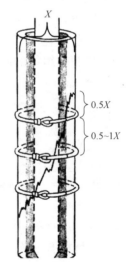

图 1-2-3　钢丝环扎示意

（3）至少要有 2 个环扎钢丝。

（4）使用尺寸合适的钢丝：猫和玩具犬（直径 0.76 mm）、中小型犬（直径 0.91 mm）、大型犬（直径 1.20 mm）。

（5）钢丝必须均匀拉紧并正确打结。

（6）不要将软组织扎进去，骨直径缩小 1% 就会松动。

2. 环扎钢丝打结的方法　用钢丝进行环形结扎或者半环形结扎除了遵守上述原则以外，结扎后钢丝的打结方式也至关重要。临床常用的有绞合结、单环结和双环结等。

（1）绞合结。是最简单的钢丝打结方式。连续勒紧钢丝绞合结操作时需要使用稳定、均匀的力边拉边旋扭，直到绞合稳定（图1-2-4）。可以使用外科钳子，也可以使用专用的钢丝钳进行旋紧。钢丝必须在加压情况下旋转，这样可以转出平整的螺旋。锯齿状的钳口可以夹紧钢丝，使钢丝在压力下更容易旋转（图1-2-5）。绞合结旋紧后还可以用钳子剪断多余钢丝。结不折弯时留3个结，如果折弯则需要留5~6个结（弯曲打好的结会丧失30%的拉力）。

型演示：
钢丝环扎-
绞合结

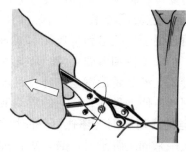

图1-2-4　绞合结　　　　　　　　图1-2-5　绞合结旋紧方法示意

（2）环形结。可以提供更大的骨片间压力，自身的体积较小而且能快速的实施应用，但是需要特殊的操作方法。环形结分为单环结和双环结（图1-2-6），使用时都需要借助专门的加压紧丝器进行操作（图1-2-7）。一般加压紧丝器配置两个旋转手柄，单环结时只使用一个手柄即可，双环结则需要两个手柄同时使用。钢丝引导器能以最低限度的损伤来完成长骨的钢丝环扎手术。在运用钢丝环扎的时候，为避免影响到骨折部位的血液供应，应尽量保护骨膜软组织的附着。环形结一般需要使用较粗的钢丝，临床建议使用直径≥0.8 mm的钢丝。

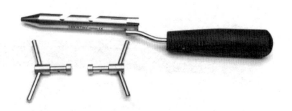

图1-2-6　环形结（左：单；右：双）　　　　　图1-2-7　加压紧丝器

①单环结材料准备及操作流程（图1-2-8）。

材料的准备：加压紧丝器、单环钢丝、钢丝引导器、钢丝剪等。

型演示：
钢丝环扎-
单环结

操作流程：用钢丝引导器把单环钢丝尾端穿过预结扎的部位→把尾端钢丝从头部的单环穿过去→把钢丝尾部穿入加压紧丝器并穿入旋转手柄孔中放入卡槽→保持加压紧丝器和结扎部位垂直并顺时针拧紧手柄，一直到加力旋转不能再继续旋转时停止→逆时针旋转手柄退出，在距离等于骨直径时用力折弯钢丝并使钢丝紧贴骨皮质→用钢丝钳剪断钢丝，使断端长度等于骨直径的0.5倍→环扎完成。

②双环结材料准备及操作流程（图1-2-9）。

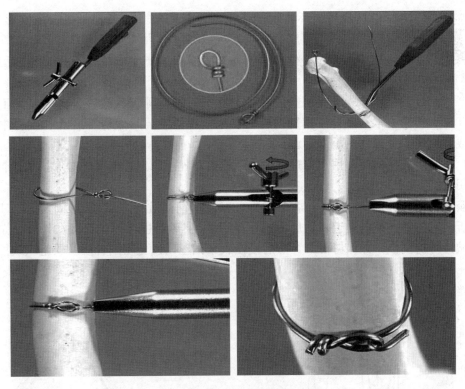

图 1-2-8 单环结操作流程示意

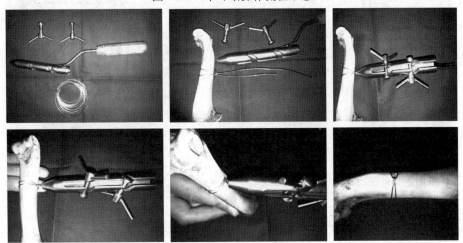

图 1-2-9 双环结操作流程示意

材料的准备：加压紧丝器、钢丝、钢丝引导器、钢丝剪等。

操作流程：先把钢丝从中间对折，用钢丝引导器把对折后钢丝的游离端穿过预结扎的部位，把两个钢丝尾端从对折的钢丝穿过去形成环绕→把两个钢丝尾部穿入加压紧丝器并穿入两个旋转手柄孔中放入卡槽，保持加压紧丝器和结扎部位垂直并同时顺时针拧紧手柄，一直到加力旋转不能再继续旋转时停止→逆时针同时旋转两个手柄，退出一个骨直径距离时用力折弯钢丝并使钢丝紧贴骨皮质，用钢丝钳剪断钢丝，使断端留半个骨直径的长度→环扎完成。

模型演示：
钢丝环扎-
双环结

3. 临床应用 环扎钢丝临床常用于四肢骨的长斜骨折、螺旋形骨折等。钢丝具有直径细和可屈的特点，可以穿过骨内人工隧道环扎或固定，能有效地保持某些骨折的复位，但容易对骨膜血运产生影响。不锈钢丝内固定术多用于下列情况。

（1）作为环扎钢丝。常用于骨干的长斜骨折、螺旋骨折等，为了增加抗折弯力常常联合使用髓内针。临床适用的主要是股骨、胫骨和肱骨中段的长斜骨折或者螺旋形骨折（图1-2-10）。

（2）作为半环扎钢丝。用于穿过骨内人工隧道环扎或固定，能有效地保持某些骨折的复位，常用"8"字形固定法。

①髌骨横断骨折钢丝固定。髌骨横骨折可以使用钢丝进行"8"字形固定（图1-2-11）。先在骨折两端各钻一横断隧道，然后将钢丝呈"8"字形穿过，钢丝交叉在骨外。先用复位钳等器械将骨折复位，并保持位置，然后慢慢收紧钢丝，以免切断骨质及软组织或把钢丝拉断。待完全收紧至骨折端紧密相接后，才可将钢丝两端绞合打结，保持松紧度适当，剪除多余的钢丝。

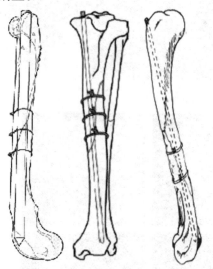

图1-2-10 四肢长骨髓内针加钢丝环扎方案

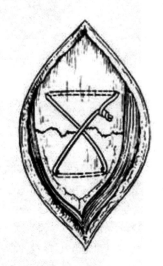

图1-2-11 髌骨横断骨折固定

②下颌骨横骨折钢丝固定。下颌骨横骨折时可以使用两条钢丝进行固定。先在骨折两端各打两个孔，然后分别穿入两条钢丝，复位后交替绞合旋紧两条钢丝，保持松紧度适当，剪除多余的钢丝（图1-2-12）。不过此法稳定性不好，容易出现骨裂、骨溶解等情况，临床应谨慎使用。

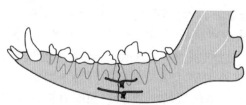

图1-2-12 下颌骨横骨折钢丝固定

③鹰嘴骨折钢丝固定。先在骨折两端各钻一横断隧道，然后将钢丝呈"8"字形穿过，钢丝交叉在骨外，先用复位钳等器械将骨折复位，并保持位置，然后慢慢收紧钢丝，以免切断骨质及软组织或把钢丝拉断。待完全收紧至骨折端紧密相接后，才可将钢丝两端绞合打结，保持松紧度适当，剪除多余的钢丝。临床常使用克氏针配合钢丝固定使用。本方法同样适用于跟骨骨折。

（二）张力带钢丝的应用技术

当骨折发生于肌群起始点时，肌群在这些位点收缩产生张力，牵拉骨偏离正常解剖位置。此时最有效的抗张力方法是使用张力带钢丝。张力带钢丝的目的就是将分散的抗张力转变为压力。用于张力带钢丝定位的器械包括小型施氏针或基尔希纳氏钢丝与矫形钢丝。

1. 大转子固定临床应用　大转子骨折或者为了暴露髋关节锯开大转子复位时需要应用针和钢丝对大转子进行固定。这时钢丝作为张力带钢丝使用。

操作流程：首先复位骨折，接着将2根小针打入以固定，针应垂直于骨折线且2根针应相互平行；在骨折线下方1~2 cm处的骨上钻孔，然后穿入钢丝，钢丝在外侧交叉；钢丝分别在两侧绞合，交替拧紧后用钢丝剪剪掉多余的绞合结（图1-2-13）。

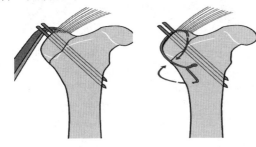

图1-2-13　大转子固定（针加张力带钢丝）操作流程示意

2. 鹰嘴骨折临床应用　鹰嘴横骨折复位时需要应用针和钢丝对鹰嘴进行固定（图1-2-14）。这时钢丝作为张力带钢丝使用。

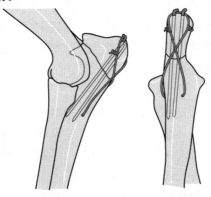

图1-2-14　鹰嘴骨折固定示意

操作流程：首先复位骨折，接着将2根小针从肘突打入以固定（体型特别小的犬、猫可以用一根针，但稳定性不好），插入的针尽可能沿着尺骨并垂直于骨折线，在骨折线远端的骨上钻孔，然后穿入钢丝，钢丝在后侧交叉；钢丝分别在两侧绞合，交替拧紧后用钢丝剪剪掉多余的绞合结（图1-2-15中A~E）。

3. 胫骨结节固定临床应用　胫骨结节撕脱、髌骨脱位矫正手术时切开的胫骨结节移位后固定时需要应用针和张力带钢丝（tension and wire）对胫骨结节进行固定（图1-2-16）。固定方式及操作和大转子固定类似。

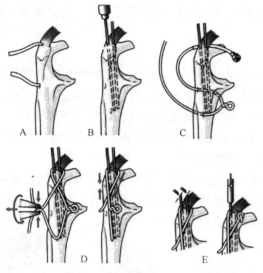

模型演示：胫骨结节骨折-针加张力带钢丝固定

图1-2-15　鹰嘴骨折固定流程示意
A. 用复位钳复位　B. 钻入克氏针　C. 穿入钢丝
D. 打结拧紧钢丝　E. 折弯克氏针并剪短

图1-2-16　胫骨结节固定示意

二、钢针的临床应用技术

临床常用的医用钢针有不锈钢、钛合金等材料，常根据发展和用途分为斯氏针和克氏针。克氏针作为一种骨科常用的内固定材料，常用于固定短小骨折或撕脱骨折等应力不大的骨折，以及骨科手术中临时骨折块的固定。克氏针常用于肱骨、股骨及胫骨等管状四肢骨骨折。其生物力学优点在于能够抵抗弯曲负荷。与其他植入物相比，圆形的克氏针能够平衡来自各个方向的弯曲负荷。克氏针的生物力学缺点是抗轴向压力或抗旋转负荷较弱以及对骨折固定（连锁）效果差。克氏针只能借助针和骨骼间的摩擦力来抵抗旋转负荷和轴向压力，因此临床上常结合钢丝及骨板来使用。

（一）当做髓内针使用

任何内固定物的基本功能都是在骨折愈合过程中维持骨折的对线对位，并在骨折端之间传导应力。髓内针位于骨干中心，贴近于长骨的自然形状，因此是较理想的内固定物。形状和适用性是在选择髓内针时应考虑的两个重要因素。尽管髓内针固定可维持骨折的轴向对位并且很好地抵抗弯曲应力，但对扭转应力的抵抗性较差。因此临床髓内针结合钢丝环扎主要适用于长骨中段的长斜骨折、螺旋形骨折（见上述环扎钢丝内容），髓内针的选择基本要求是髓内针占骨髓腔最细处直径的60%～70%，股骨、肱骨可以逆向或者顺向进针，胫骨只能顺向进针。

1. 逆向进针　在断端处打开软组织暴露骨折端，先将髓内针自骨折近心端逆行打出骨端，复位后再顺行打入骨折远段（图1-2-17）。此法操作简单、复位容易，临床常用于骨折端错位较多、周围软组织及肌肉多、进针方向不易掌握以及陈旧性骨折等情况。缺点是骨折端显露范围大，切口较长，骨膜剥离较广，血液供应破坏较重。

2. 顺向进针 进针点需要准确定位，对骨折区影响少，但是难度较大。闭合性髓内针内固定术不显露骨折端，在骨折闭合复位后，仅在长骨一端的进针部位做一小切口，在X线透视或摄片的指导下，将髓内针打入髓腔，穿过骨折部至所需要的深度。此法的优点是可以避免切开骨折端，减少感染机会及局部血运损伤；缺点是对设备和术者要求高。临床胫骨髓内针要求必须顺向进针（图1-2-18）。

模型演示：
股骨远端干骺
端骨折-弹性
髓内针固定

（二）动态钢针

动态钢针髓内针的生物力学原理是从干骺端对称地插入两根弹性髓内针，每根髓内针在骨内侧有3个支撑点。临床有专用的弹性髓内针可供使用，也有的使用克氏针来进行此项操作（图1-2-19）。常用于幼龄犬、猫干骺端和生长板骨折（非粉碎性骨折），此法不影响生长板发育。

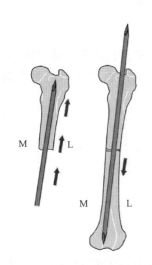  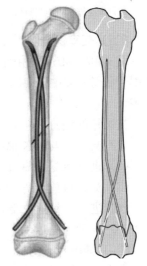

图1-2-17 逆向进针操作示意　　图1-2-18 胫骨顺向进针示意　　1-2-19 动态钢针的应用
（M为内侧，L为外侧）　　　A. 顺向进针后正位示意
　　　　　　　　　　　　　B. 胫骨平台面顺向进针点示意

1. 原理及适应证 利用钛合金或不锈钢良好的弹性恢复力将作用于骨的力通过髓腔的3个接触点转换成推力和压力，从而使骨折复位。临床主要适用于股骨干及远心端骨折、胫骨干骺端骨折等，适合横形骨折和短斜骨折。

2. 优点 生物学微创固定，不损伤骨骺板；不需要外固定或者短时间外固定；恢复快、感染概率低；内固定取出简单；足够稳定等。

3. 禁忌证及并发症 关节内骨折、完全不稳定的复杂骨折、无任何骨皮质支持的下肢骨折、需要负重和年龄较大者不可以使用。可能的并发症有：骨不愈合、针尾刺激、关节活动受限、骨折畸形愈合、骨质劈裂、骨质移位等。

4. 髓内针的选择 髓内针的直径至少是股骨髓腔最窄部位直径的1/3，但最大也不要超过40%。

5. 操作流程 选择合适大小和髓内针→找到合适的进针点并钻透同侧骨皮质→钢针预折弯→分别从两边穿入钢针并推至最近端→剪短多余的钢针并放置螺帽固定（图1-2-20）。

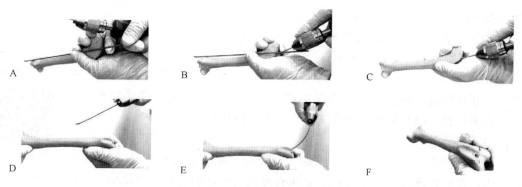

图 1-2-20 弹性髓内针操作流程

A. 将克氏针沿股骨轴线平行放置 B. 选择针和滑车脊交叉点为进针点 C. 用和弹性针同样直径的克氏针与股骨成 30°角进针，穿透皮质骨后退针 D. 准备弹性针并用手钻固定 E. 沿着克氏针的钻孔插入弹性针，推进过程中适当折弯，推到底 F. 两侧弹性针都植入后做折弯并剪去针尾

（三）交叉钢针

交叉钢针和动态髓内针类似，用于干骺端和生长板骨折，针穿透两侧骨皮质（图 1-2-21）。适用于股骨远心端、胫骨近心端横骨折，对成年动物不影响生长板发育但是并发症相对较多。

交叉针的注意事项：

（1）交叉针与骨长轴应成 40°～45°角。
（2）进针点尽量靠骨干远端，避开关节面。
（3）交叉点放在骨折部位近端，出针点远离骨折线。
（4）进针时钻速要低，而且尽量减少往复穿针。
（5）术后限制运动。

（四）髓内针+骨板

本方案适用于四肢长骨中段的粉碎性骨折。髓内针可以增加骨板的抗弯曲力。抗压缩力、抗拉伸力、抗剪切力、抗旋转力主要由骨板完成，抗弯曲力由骨板和髓内针一起完成。图 1-2-22 为股骨中段粉碎性骨折采用髓内针加骨板的方式进行固定。

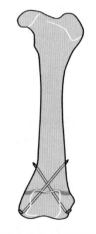

图 1-2-21 交叉针

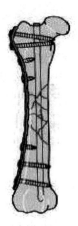

图 1-2-22 股骨中段骨折用髓内针和骨板固定

（五）髓内针＋外固定支架

本方案适用于四肢长骨中段的各种类型骨折，如股骨（图 1-2-23）、胫骨和肱骨中段的各种类型骨折。髓内针和骨外固定支架一起完成抗弯曲力、抗压缩力、抗拉伸力、抗剪切力、抗旋转力主要骨外固定支架完成。

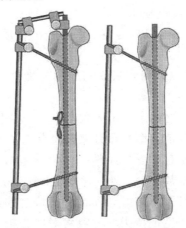

图 1-2-23　股骨中段骨折髓内针和支架固定

任务反思

1. 总结钢丝的临床应用技术。
2. 总结钢针的临床应用技术。

子任务 2　螺钉应用技术

子任务目标

1. 掌握螺钉的使用方法。
2. 掌握螺钉的临床应用。

相关知识

螺钉是最常见的骨科内固定物，通常由 4 部分组成：头部、杆部、螺纹部和尾部。从力学角度上来说，螺钉是将扭转力转变为轴向压力的一种装置。螺钉既可将骨板与骨质进行固定，也可单独使用将骨块与主骨固定在一起。螺钉分为皮质骨螺钉与松质骨螺钉两种。在设计上分为自攻骨螺钉和非自攻骨螺钉，自攻骨螺钉所需的导向孔比螺钉芯稍大，对骨骼的把持力较强，但有时不易控制其方向；非自攻骨螺钉所需的导向孔几乎与螺钉芯一致，螺纹能够较深地嵌入相邻的骨质。

骨螺钉在临床上单独使用的机会不多。在条件允许的前提下，单独使用骨螺钉的最大优点就是能够最大限度地减小手术对受伤部位的损伤，使受伤部位有充分的血液供应保障。单独使用骨螺钉时，需要的手术切口也不需要很大，这样对皮肤和软组织的损伤较小，降低手术感染的风险，使手术愈合的时间尽可能缩短。本任务主要对在骨科手术中可以单独使用的骨螺钉及其应用进行阐述，需要和骨板等植入材料配合使用并且在使用中发挥辅助作用的螺钉及其应用详见相关内容。

1. 按照螺钉设计分类 可以分为普通螺钉、空心钉、锁定钉。

2. 按照螺钉特点分类 可以分为自攻螺钉、自钻螺钉。

3. 按照螺钉应用部位分类 可以分为皮质骨螺钉、松质骨螺钉、单皮质螺钉、双皮质螺钉。

4. 按照螺钉功能分类 可以分为骨板螺钉、拉力螺钉、位置螺钉、锁定钉、交锁钉、锚钉、推拉螺钉、复位螺钉、阻挡钉等。

（1）骨板螺钉。在骨板和骨之间产生压力和摩擦力。根据功能分为锁定螺钉和非锁定螺钉。自锁定钉问世以来，所有其他类型的螺钉都被称为"普通"螺钉。普通螺钉根据使用部位可分为皮质骨螺钉和松质骨螺钉：皮质骨螺钉的螺纹较浅，螺距较小，纹数较多；松质骨螺钉的螺纹较深，螺距较大，纹数较少，外径比皮质骨螺钉大。

模型演示：皮质骨螺钉植入流程

（2）拉力螺钉。通过滑动孔在骨折块之间产生加压作用，拉力螺钉螺纹在近侧骨折块不产生把持力，螺纹将对侧骨折块拉向螺钉帽，从而在螺钉帽和对侧骨折块之间产生压力，使骨折块之间产生加压作用。为了使拉力螺钉发挥最大的作用，其方向要么垂直于骨折线，要么在骨折线的垂线和骨骼长轴的垂线之间。拉力螺钉是项技术，可以用全螺纹螺钉，也可以用不全螺纹螺钉实现。当使用全螺纹螺钉时螺钉不咬合螺钉帽侧骨皮质，使用不全螺纹螺钉时需要螺纹越过螺钉帽侧骨折线。

（3）位置螺钉。维持骨折块之间的解剖对位但不产生加压作用（图 1-2-24），螺钉穿透两侧骨皮质，双层骨皮质上均有螺纹孔，螺钉和两侧骨皮质通过螺纹接触。

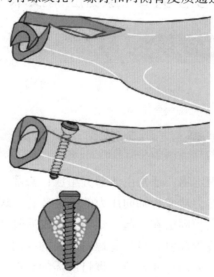

图 1-2-24 位置螺钉使用示意

（4）锁定钉。用于 LCP/LISS，螺钉帽带有螺纹，与骨板孔对应的反向螺纹相匹配，达到角度固定。任何能够拧入角度固定（稳定）的螺钉、螺栓的骨板实质上都是锁定骨板，配套使用的螺钉就是锁定钉。

(5) 交锁钉。用于髓内钉固定，维持骨的长度、对线和旋转。

(6) 锚钉。作为钢丝或坚强缝线的固定点。

(7) 推拉螺钉。作为牵开/加压方法复位骨折时的临时固定点，临床使用时需要配合专用的推拉加压器械，这种固定方式可以使不具备轴向加压功能的骨板实现骨折端的加压固定。在短斜骨折进行加压固定时，推拉螺钉必须用在骨折块成锐角的一端，使用时先把骨板固定在骨折块成钝角的一侧，然后再进行推拉螺钉的固定和加压（图1-2-25）。在横骨折使用推拉螺钉固定的方式和加压骨板操作类似。

(8) 复位螺钉。即经过骨板孔将骨折块提拉靠近骨板的普通螺钉，骨折复位后该螺钉可以取出或更换。

(9) 阻挡钉。将螺钉作为支点来改变髓内钉的方向（图1-2-26）。

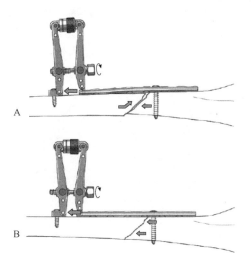

图1-2-25　短斜骨折的推拉螺钉使用示意
A. 顺时针旋转，使左侧骨折斜面向骨板方向移动
B. 继续顺时针旋转，实现骨折端加压

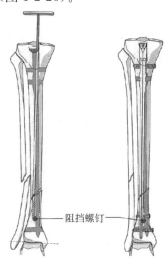

图1-2-26　阻挡螺钉使用示意

任务实施

螺钉的临床应用

通过在骨折块间加压达到骨折的稳定固定是骨折内固定原则的精髓所在。螺钉是最常用的内固定物，既可以使用不完全螺纹的松质骨螺钉，也可以使用全螺纹的皮质骨螺钉。临床常用的单独使用螺钉进行固定的有：股骨颈骨折固定、荐髂关节脱位固定、肱骨外侧髁骨折固定、桡骨/尺骨茎突骨折固定、盂上结节撕脱固定、肱骨大结节固定等。

（一）股骨颈骨折

1. 解剖结构　髋关节是一个滑膜球窝关节。股骨头并不是规则的圆形，其和髋臼仅在负重面上有很好的匹配。股骨大体上为一管形骨，有部分前弓和扭曲，在冠状位上，股骨颈和股骨干呈一定角度，犬约为135°。在轴位上，股骨颈相对股骨内外髁连线的平面有一个前倾角度。

髋关节囊包绕整个股骨头和大部分的股骨颈，仅股骨颈后外侧部分无关节囊包绕。关节囊通过环形和纵行的纤维束进行加强。环形纤维在股骨颈后下方关节囊处形成类似吊带的结构，纵行纤维的结构包括髂骨韧带、坐骨韧带和耻骨韧带。

关节囊前侧有倒 Y 形的髂股韧带和耻骨股韧带共同加强，关节囊后侧由相对较弱的坐骨韧带加强。前方的髂股韧带起自髂棘和髋臼前方，止于转子间线的下方，可限制股骨过伸及外旋。

2. 骨折类型 股骨颈骨折又名股骨颈的前侧骨折，通常发生在股骨颈的基部，与股骨近心端的干骺部相连。临床根据骨折发生的位置可以分为头下型、经颈型和基底型（图 1-2-27）；根据 X 线表现可以分为外展型、中间型和内收型。此病可能发生于任何年龄的犬，多数和外伤有关。股骨颈骨折常见为封闭性骨折，采用外固定方式达不到理想的治疗效果，因而在治疗时多采用临床手术的方式，利用髓内针、接骨板、金属丝以及骨螺钉相结合的方式进行治疗。考虑到股骨颈骨折比较特殊（股骨颈和股骨呈一定倾斜角度，为 135°左右），因而在手术过程中要根据具体情况灵活地选择固定方式与合适的材料，如髓内针的长度与粗细、骨螺钉的长度与粗细等。

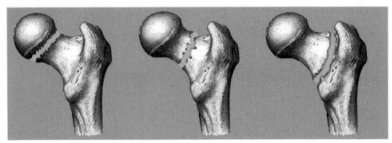

图 1-2-27 股骨颈骨折类型（从左到右依次为头下型、经颈型、基底型）

3. 手术方案及术后护理

（1）手术通路。将宠物侧卧保定，患侧在上。以大转子为中心上下做纵形切口，切开皮肤，分离皮下结缔组织，暴露大转子。在大转子前缘沿着臀中肌下缘钝性分离并向上牵拉臀中肌和臀深肌，暴露股骨颈。在大转子外侧缘沿着股二头肌和股四头肌肌间隙钝性分离，暴露股骨干。

（2）固定方法。可视下复位后可用细的克氏针从大转子外侧朝向股骨头方向做两个临时固定。然后按照拉力螺钉技术要求进行螺钉的植入和固定。临床根据患病动物体型的大小选择至少植入一枚拉力螺钉，同时也可以辅助植入克氏针进行固定（图 1-2-28）。

（3）术后护理。术后除常规治疗和护理外，还需要适当限制活动并定期进行 X 线检查，观察固定稳定性及愈合情况。

（二）荐髂关节脱位

1. 解剖结构 荐髂关节是荐骨和髂骨翼构成的耳状关节。荐骨是腰椎后方的荐椎体相互愈合而成，荐骨的两侧与对应的髂骨翼由软骨连接形成活动性很小的关节。随着动物年龄的增长，关节间的软骨会逐渐骨化，最终使荐髂关节基本上失去活动性。荐髂关节负责连接后肢和躯干并构成身体的支架，承受的力量非常大，在全身关节中发挥着非常重要的作用。

2. 骨折类型 荐髂关节脱位临床表现为荐髂关节的单侧或者双侧脱位。临床常见于撞击、跌落等（由来自后方的强大钝性外力导致）。

3. 手术方案及术后护理

（1）切口位置。起始于髂骨嵴前背侧，平行中线延伸至髋关节，切开皮下组织筋膜和脂肪，显露髂骨嵴前侧和后背侧。切口向后延伸时需切断这个区域内部分臀浅肌纤维。

（2）暴露荐骨。在荐棘肌骨膜起点、髂骨内侧缘再做一个切口，以暴露荐骨。幼年动物需从骨膜上剥离臀中肌。老年动物则从髂骨起点切开。

（3）继续向后分离至髂骨翼后背侧，再分离位于髂骨内侧面的荐棘肌，分离区域应在荐中间嵴外侧区域内，避免损伤荐背侧孔的脊神经背侧根。

（4）固定方案。

①皮质骨螺钉固定：需要在髂骨上打滑动孔，孔直径和螺钉螺纹直径一致；荐骨打螺纹孔，孔直径和螺杆直径一致（图1-2-29）。

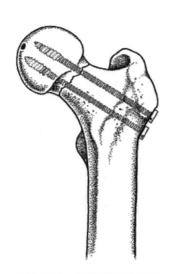
图1-2-28 股骨颈固定示意

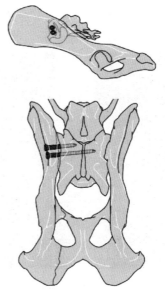
图1-2-29 荐髂关节固定示意

②松质骨螺钉固定：按照松质骨螺钉螺杆直径选择钻头打孔。

③螺钉的选择要根据动物的体型而定：猫和小型犬采用直径2.0 mm和直径2.7 mm的螺钉，中型犬采用直径3.5 mm和直径4.0 mm的螺钉，大型犬采用直径4.5 mm的螺钉。

（5）术后护理。术后除常规治疗和护理外，还需要适当限制活动并定期进行X线检查，观察固定稳定性及愈合情况。

（三）肱骨外侧髁骨折

1. 解剖结构 犬肱骨解剖学结构独特，其外侧面观呈S形，近心端呈头侧弓形，远心端呈尾侧弓形；其头侧面观见内侧皮质相对平直，而近心端外侧皮质呈凸型弯曲，中间骨干处呈凹型弯曲，远心端有髁状突。此外，肱骨近心端横截面面积最大，沿着骨干部逐渐减小，在远心端干骺端分为2支，被滑车上孔所分隔。相对于窄、小的外侧髁，肱骨内侧髁更加宽、大，且与骨干呈轴向延伸。肱骨头在骨干中部轴向后方，而远端髁在骨干中部轴向前方。因肱骨独特的解剖学特征，发生骨折的概率从近心端至远心端逐渐增加，在上髁和髁间区域发生骨折风险最大。

2. 骨折类型 肱骨远心端的骨折临床表现为外侧髁的骨折（图1-2-30）或者内外髁均

骨折。临床常见于撞击、跌落等（由来自外侧的强大钝性外力导致）。

3. 手术方案及术后护理

（1）切口位置。采用肱骨髁、上髁外侧通路：在肱骨远心端1/3，经肱骨外侧上髁，至前臂前1/3做皮肤切口；切开臂筋膜，辨别腕桡侧伸肌、指总伸肌，并沿肌间隔膜钝性分离这2块肌肉；向头侧牵引腕桡侧伸肌，向尾侧牵引指总伸肌，此过程小心操作，避免损伤腕桡侧伸肌处的桡神经；暴露旋后肌、肘关节前外侧面；外旋前臂部，切开关节囊，进一步暴露关节，注意保护旋后肌下方行走的桡神经。

（2）固定方案。

皮质骨螺钉固定：需要在外侧髁到骨折线处打滑动孔，孔直径和螺钉螺纹直径一致；内侧髁打螺纹孔，孔直径和螺杆直径一致。肱骨外侧上髁斜向经外侧上髁嵴从远心端至近心端打入合适规格的克氏针，使其恰好穿透内侧皮质，用克氏针剪剪去适当长度，用克氏针折弯器将其折弯约90°，剪掉剩余部分，使折弯残端保留约3 mm（图1-2-31）。

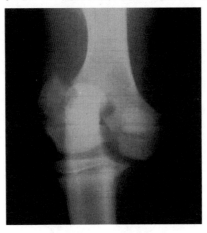 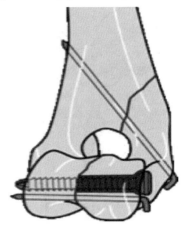

图1-2-30　肱骨远心端外侧髁骨折X线影像　　图1-2-31　皮质骨螺钉固定示意

（3）术后护理。术后除常规治疗和护理外，还需要适当限制活动并定期进行X线检查，观察固定稳定性及愈合情况。

任务反思

1. 总结螺钉的使用方法。
2. 总结螺钉的临床应用。

子任务3　骨板的应用技术

子任务目标

1. 掌握骨板的概述。
2. 掌握骨板的分类。
3. 掌握各类骨板的临床应用技术。

相关知识

1. 骨板概述 骨板固定技术在骨折内固定技术中占有非常重要的地位。骨板可以很好的对抗骨折所带来的弯曲力、旋转力、剪切力、拉伸力和压缩力。相对于髓内针和骨螺钉单独使用的效果来说，骨板对骨折有着非常好的重建作用并且用途非常广泛。但是作为骨科的植入材料，骨板也有不可避免的问题或不足，如：骨板必须借助于骨螺钉才能固定在骨折骨的表面，利用骨板进行内固定时，手术伤口往往比较大；在价格方面，骨板的价格多数情况下要高于其他植入材料，特别是高于骨螺钉的成本；在对骨折愈合的影响方面，骨板往往也是最大的，但是随着新技术的推广，这一问题正在被逐渐解决。

2. 骨板的类型 按照不同的标准可以把骨板分为不同的类型：按照形态可以把骨板分为直形、T形和L形，其中L形骨板也称为高尔夫形骨板；按照骨板是否可以对骨折面形成压力分为加压骨板和非加压骨板；按照骨板是否可以在其平面内塑形分为塑形骨板和一般骨板；按照是否可以用在粉碎性骨折两端的连接又分为桥接骨板和非桥接骨板；按照是否具有锁定功能又分为锁定骨板和普通骨板等。

任务实施

骨板的应用

(一) 普通骨板

普通骨板一般为长方形，骨板和骨骼接触面呈与骨骼相吻合的弧形，有若干可供骨螺钉穿过的孔。一般骨螺钉孔的数量不能少于4个，多数不少于6个。

1. 普通骨板 常见普通骨板的形态如图1-2-32所示。

图1-2-32 普通骨板（7孔）

2. 普通骨板的植入方法

（1）手术通路的打开。手术通路的打开一般分为以下步骤，即切口位置的选择→切口大小和方向的确定→皮肤的切开→皮下疏松结缔组织的分离→肌肉的分离→骨折骨骼的暴露。

①切口位置的选择有4个原则：一是皮肤到损伤骨骼之间的肌肉层最薄且分布的方向简单，二是对较大的血管和神经影响较小，三是距离手术操作的中心位置最近，四是恢复期间伤口容易恢复或被保护。因此对于四肢长骨的内固定手术，手术切口的位置一般选择在骨骼的张力面。切口方向多数情况下都是沿着四肢长轴的方向。

②切口大小应遵循切口最小原则，具体情况应根据手术的复杂程度而定。众所周知的是，切口越大，手术操作的难度就会越低，但是组织损伤过大会造成感染的风险和愈合的难度相应增加。在植入骨板时，应该利用软组织的弹性来把切口的长度降低到最小。

③皮肤最好一次性切开，但是四肢部位的皮下疏松结缔组织较少，有些部位甚至几乎没

有皮下疏松结缔组织（皮肤下面就是肌肉层或比较重要的血管）。所以在切开皮肤时应当格外小心，避免对相应的肌肉和血管造成损伤。例如可以在预定切口的一端先用手术刀尖切一小口，然后用组织剪剪开皮肤，也可以采用皱襞切开法切开皮肤。如果有必要，可以分两次甚至多次将皮肤分开，但是必须保证切口的整齐。皮肤切开后钝性分离皮下组织，充分暴露深筋膜和肌肉并仔细分辨肌肉之间的间隙。沿着肌肉的间隙剪开深筋膜，钝性分离肌肉，分离过程中应注意肌肉间的神经和动脉血管。充分分离肌肉后，损伤的骨骼就会暴露出来，然后根据操作的需要，还要对损伤骨骼进行分离。如果在分离的过程中遇到血凝块或渗出液，应该将这些影响手术操作的组织清除出去。

（2）骨板的选择。在能够保证固定牢固的前提下，骨板的选择应遵循最小原则。其目的主要是可以减少因植入骨板而对皮肤和软组织造成的损伤，减轻因植入骨板而造成的排异反应，尽可能减少对恢复期运动的影响，也可以减轻手术过程对软组织和骨骼的损伤。此外还可以减少骨板和骨骼的接触面积，从而减轻对骨膜血液循环的影响，这样就降低了恢复期对骨的损伤而促进其快速愈合。但是在骨折面的两端每侧应具有2枚或3枚可以发挥确实作用的骨螺钉来固定骨板。如果该处承受的力量比较大，骨螺钉的数量应更多。

（3）骨板的塑形。骨板在设计时通常是一个平面的结构，而需要与其接触的骨骼的表面很少是规则的平面。如果骨板在植入时不能与骨骼表面很好地吻合，一是不能保证内固定的牢固性，二是会增加骨板和骨骼的侧向应力，不但会使骨骼发生损伤或变形，也会增加骨板疲劳的概率，甚至会使骨板断裂，严重影响愈合。因此在植入骨板之前，不但需要选择骨板的大小，还要对选择好的骨板进行合适的塑形。骨板塑形必须认真对比骨骼表面和骨板面的吻合程度。可以利用骨板塑形器多次操作，反复进行吻合实验，但是尽量避免在骨板的同一位置反复折弯，因为这样会降低骨板的强度，增加骨板断裂的可能性。

（4）骨折的复位。骨折复位就是使受伤而变形的骨骼恢复之前的解剖学形态。骨折的复位是骨板植入前的一项至关重要的工作，是受损伤的骨骼能够正确顺利愈合的前提。如果是简单骨折，复位较容易，只是在受伤部位肌肉拉力比较大的时候，复位需要利用比较特殊的专业用工具，如骨钳或复位钳等。对于较为复杂的骨折（如粉碎性骨折），复位工作则要相对复杂一些。对于粉碎性骨折，粉碎程度比较严重，骨折部分已经失去原来的支撑功能，无法利用骨折面的吻合进行解剖结构的恢复，这时就必须认真研究，根据骨骼原来的解剖结构和长短等进行复位。通常通过对比与之对称的骨骼的形态和大小来帮助复位，这就需要对健康一侧的骨骼进行准确的X线诊断，再结合可能会产生影响的因素进行综合判断。此外，复杂骨折复位后，如何保持其稳定性也非常重要，如果不能将碎裂的骨折片进行完全的对合，就需要配合髓内针和钢丝等植入材料进行辅助固定。

（5）骨板的植入。一般来说，应该使骨板的中间部分对应于骨折骨的断裂面，也就是以骨折线为中心，两端应该固定相同的螺钉的数量。但是对于比较特殊的骨折，如骨折断裂的部位比较靠近关节，那么两端的骨螺钉数量可能会不一样，但是骨螺钉少的一端最少要保留两枚能够发挥确实作用的螺钉，如果该部位受力较大或对于大型犬，螺钉的数量应该保留3~4枚。使用T形骨板或L形骨板就是为了能够确保达到这一要求。

通常以骨折线为分界线把损伤的骨骼分为近端和远端，最先植入的螺钉应该位于近端最靠近骨折线处。用骨板确定植入螺钉的位置后，按照钻孔、测深、攻丝和用骨螺钉固定骨板的顺序进行操作。第二枚骨螺钉应选择远端最靠近骨折线的一个孔，按照相同的程序植入骨螺钉。第三个螺钉在近端最靠近第一枚螺钉的位置。第四枚螺钉在远端靠近第二枚螺钉的位置。如此依次植入所有需要植入的螺钉。为了使植入其他螺钉时骨板仍有一定的活动余地，骨螺钉不能一次性拧紧，而是待所有螺钉都拧入后统一一次性拧紧。在植入螺钉固定骨板时，前两枚螺钉非常重要，决定着能否重建骨骼原来的解剖学形态以及牢固程度。

（二）加压骨板临床应用技术

1. 加压骨板的概念 加压骨板是在进行骨折植入手术时，能使损伤骨的断裂面产生压力，缩小因断裂产生的缝隙，更容易被新生的骨痂填充，尽可能实现一期愈合的骨板。实现这一目的主要是通过对骨板上的螺钉孔进行特殊设计。

2. 加压骨板的优势 加压骨板的形态如图 1-2-33 所示。观察骨板上的螺钉孔可以看到每个螺钉孔的设计都是长方形或椭圆形的，并且每个孔内都设计有一个滑槽，可以在螺钉帽和滑槽之间产生压力时由高到低进行滑动，最终实现螺钉和骨板之间在骨的长轴方向上产生相互移动。骨折的两个断端间存在较大缝隙时，在愈合的过程中需要增生出足够的骨痂来填充这个缝隙，损伤骨骼的外围还会围绕骨折线增生出足够的骨痂来包裹骨折部分，从而实现骨折的初期愈合。但是初期愈合除了需要一定的时间外，骨痂的承受应力能力也非常有限，在后期的运动中容易造成骨痂的损伤而影响愈合的过程，此外增生的骨痂也会和骨板相互挤压而影响骨板的寿命。当两个断端间的缝隙非常小甚至可以忽略时，则可以直接通过骨质的重建来实现愈合，这样上述的问题均可以得到解决。

图 1-2-33 加压骨板

3. 加压骨板的作用原理 加压骨板的加压原理如图 1-2-34 所示。骨螺钉自滑槽的起点端拧入，在骨螺钉逐渐拧紧的过程中，由于螺钉、骨板和骨面相互压力的作用，骨螺钉帽就会由螺钉孔滑槽的起点滑动到终点，也就是从滑槽的最高处滑动到另一端的最低处，这样就等于螺钉和骨板的位置发生了相互移动。这时骨螺钉已经和骨骼嵌合在一起，不可能相互移动，因此螺钉就连同骨骼一起和骨板发生了相互移动。加压骨板两端的滑槽是不一样的，即滑槽的起点靠近骨板的中间，而终点靠近骨板的两端。这样在使骨折线对应骨板的中间时，由于骨板上螺钉孔的相对位置不会发生相对移动，骨板的长度也是固定的，骨折的两个断端就会相互向中间挤压，骨折线的缝隙就会在原来对合的基础上更加紧密。

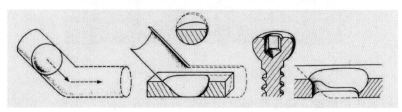

图 1-2-34 加压骨板原理示意

4. 加压骨板的适用范围和注意事项　简单的横断型骨折和接近于横断型骨折的简单骨折最适合植入加压骨板,简单的斜骨折使用加压骨板固定时往往也能达到更好的愈合效果。发生粉碎性骨折时,如果粉碎程度不是非常严重,在骨折碎片对合完好后仍能够在一定程度上支撑原来的解剖学形态,植入骨板后能够分散骨板应力的前提下,也可以使用加压骨板,使其各碎片之间能够实现更好的嵌合。一般适合碎片数量较少或去掉碎片后剩余骨的主体部分也能够维持原来的解剖学形态和支撑能力的情况。如果在发生横断骨折的同时,还存在着严重的纵向骨折,就要考虑使用加压骨板是否会使纵向骨折的裂缝变大,这时如果配合加压螺钉使纵向骨折的裂缝挤压在一起,也可以同时使用加压骨板。总之,加压骨板的作用就是使骨折线两端向中间挤压而缩小因断裂产生的缝隙,从而缩短愈合时间和增强愈合效果,如果不能达到这一目的,则不能考虑使用加压骨板,如碎片较多的粉碎性骨折。

5. 加压骨板的使用方法　以简单的骨干横向骨折为例来说明加压骨板的植入方法。手术通路打开后（手术通路的打开方法前文已经叙述）,选择合适大小的加压骨板并对骨板进行塑形。使骨板的中间位置对应于骨折线,然后确定第一枚螺钉植入的位置。

首枚螺钉的植入位置位于骨折线近端最靠近骨折线的骨板螺钉孔。加压骨板上的螺钉孔是近椭圆形的,其长轴与骨骼的长轴一致,且与骨板的长轴也是一致的。植入螺钉前首先钻孔,钻孔的位置一定要位于靠近骨折线的一端,并且不能一次性把螺钉完全拧紧。

第二枚骨螺钉位置为骨折骨远端最靠近骨折线处,同第一枚骨螺钉的植入方法一样,钻孔也必须位于螺钉孔靠近骨折线的一端。因为第一枚螺钉已经将骨板基本固定,所以第二枚螺钉可以一次性拧紧,利用其螺钉孔的滑槽,使其产生加压作用,然后再拧紧第一枚骨螺钉,使其产生加压作用。

前两枚螺钉完全植入后,可以依次植入后续的螺钉,但是这些螺钉在植入时就不应再发挥其螺钉孔的加压作用,也就是在钻孔时应该直接把孔钻在螺钉孔靠近骨折线的一端,即靠近骨板末端的位置,使其产生普通的固定作用。这是因为在靠近骨折线的两枚螺钉已经发挥加压作用的前提下,如果后面的螺钉继续采用加压的方法进行植入,螺钉之间的骨质均会承受额外且不必要的应力,不但增加骨质损伤的风险,而且影响内固定的牢固性,同时由于骨板承受过多的应力而导致疲劳。

（三）锁定骨板临床应用技术

1. 锁定骨板的概念　锁定骨板是在螺钉孔上设计有锁定丝的接骨板,在进行骨折内固定时,这些对应的锁定丝通过和锁定螺钉结合,牢固固定骨板和螺钉,使其不会发生相对移动。锁定骨板及与其对应的锁定螺钉的形态如图1-2-35所示。

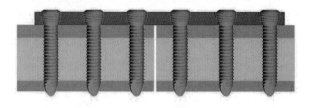

图 1-2-35　锁定骨板螺钉示意

2. 锁定骨板的作用原理　锁定即螺钉帽与骨板孔之间的相互固定。普通骨板通过扩大的螺钉帽把骨板挤压在骨骼的表面,所以在固定的时候必须将螺钉拧紧,使骨板的下表面紧紧地贴在骨骼表面上。而锁定骨板使骨螺钉的螺钉部分和骨骼紧紧地结合在一起，同时又使螺钉帽和骨板紧紧地结合在一起，从而使骨板起到间接固定损伤骨骼的作用。

锁定骨板技术也称为内固定支架技术，其发挥作用的原理与外固定支架技术相同，骨板发挥的作用相当于外固定支架中的竖杆。所不同的是，内固定支架技术中使用的骨科材料均在皮肤内。

3. 锁定骨板的优势

（1）通过其锁定作用使固定更加牢固，在后期恢复的过程中也降低了螺钉松脱的可能性。

（2）锁定骨板无需和骨骼表面紧紧地贴在一起，这样就可以避免因为骨板的压迫而影响骨骼的血液循环。这是因为锁定骨板不是通过挤压骨骼表面来发挥固定作用的，而是通过螺钉的间接连接发挥固定作用。

（3）在植入骨板之前无需对其进行塑形。普通骨板塑形目的是使其能够很好地与骨骼的表面吻合，在骨板发挥固定作用时可以减少骨板与骨骼之间的相互应力，从而减少不必要的损伤。但是骨板塑形除了对骨板造成必然损伤，使其牢固性下降外，在形态上也减弱了骨板的支撑作用（在纵向支撑性能上，骨板越直，其可承受的力量越大）。锁定骨板则解决了这一问题，在植入时只需根据骨板和骨面之间的弧度差，调整螺钉植入骨骼的长度，或者调整骨板和骨面之间的预留螺钉长度就可以了。在对骨板进行塑形的过程中，无论计算多么精确，都不能使骨板和骨面完全吻合，骨板和骨骼之间因相互牵拉或挤压产生的应力是不可避免的，锁定骨板则可以避免这一问题。而且由于骨板无需塑形，手术操作时间缩短，这对每个手术都是至关重要的。

（4）由于锁定骨板不用和骨面紧密贴合，骨骼表面的肌肉分离工作就要简单得多，这无论是对于肌肉的保护还是对骨膜的保护都具有重大意义。当然，在使用时也可以对锁定骨板进行塑形后使用，仅仅发挥其锁定功能。

4. 锁定骨板的适应证 原则上凡是适合用普通骨板的骨折，均可以使用锁定骨板。在损伤骨表面较复杂或骨骼表面覆盖的肌肉层比较深且不容易完全分离时，锁定骨板就会表现出更多的优势。具有锁定功能且同时具有其他特点的骨板在临床使用时优点就更加明显，如具有锁定的功能的桥接骨板和具有锁定功能的加压骨板等。锁定加压骨板的螺钉孔如图 1-2-36 所示。

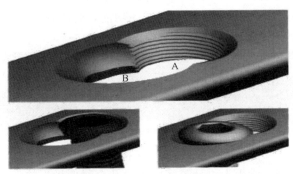

图 1-2-36 锁定加压骨板螺钉孔示意
A. 锁定孔（放置锁定螺钉） B. 非锁定孔（放置皮质螺钉）

5. 锁定骨板的使用方法 以四肢长骨骨干简单骨折的内固定为例来说明锁定骨板的使用

方法。手术的准备工作及手术通路的打开方法基本上与普通骨板相同，甚至在一些方面要相对简单。除普通的准备工作外，在锁定骨板植入前还要做如下准备工作：对比骨板下表面和与之对应的骨骼表面的弧度差；确定打入锁定骨螺钉的位置，从而确定每个打入的螺钉预留在骨板与骨骼表面之间的长度（如果有必要，可以根据这个预留的长度选择不同长度的螺钉）。

如果使用的是带加压作用的锁定骨板，则必须先植入最靠近骨折线的两枚螺钉，大致顺序和方法同加压骨板，但是一定要按照原来计划的骨板和骨面之间的预留距离。如果使用无加压作用的锁定骨板，在保证骨折骨骼两个断端完全复位的前提下，可以先找到骨板与骨面最接近的两个螺钉孔并植入螺钉，然后再植入距骨折线最近的两枚螺钉，最后植入剩余螺钉。待必需的螺钉完全植入并发挥锁定功能后，进行充分的冲洗、消毒并关闭手术通路。

6. 锁定骨板的使用注意事项 在植入部分锁定螺钉后，不能再使用普通螺钉使骨板和骨面相互靠拢，否则会使普通螺钉与邻近锁定螺钉之间产生异常应力，最终可能导致骨板疲劳、断裂。在使用普通骨板进行内固定时，通常可以用复位钳将骨板和骨骼紧紧地固定在一起，然后再植入螺钉使其发挥稳定的固定作用，但是在使用锁定骨板时要避免此类操作，因为复位钳在用力时会暂时改变锁定骨板的外形，也就是改变了骨板和骨面间原来应该有的空间，在拿掉复位钳后，骨板和骨骼之间就会产生侧向的应力。在使用锁定骨板时，可以增加螺钉的数量并且适当使用单皮质螺钉，这样既可以增加固定的稳定性，也可以减少因植入过多螺钉而对骨骼造成的二次损伤。在植入所有锁定螺钉后，要通过检查锁定骨板是否变形来确定骨板和骨骼之间是否存在较为明显的侧向应力，但是这项工作可以在植入螺钉的过程中随时监控，保证螺钉一次性植入，从而保证螺钉和骨骼之间的稳定性。

锁定骨板中使用的带锁定头的螺钉不是加压螺钉，如果在骨折内固定手术中需要对骨骼的解剖结构进行精确的重建，则需要先用加压螺钉对损伤骨骼或碎片进行重建，然后使用锁定骨板进行固定。如果已经使用了锁定螺钉，就不再适合使用加压螺钉进行固定，除非再次把锁定螺钉拧出来，但是这样操作影响锁定螺钉和骨质之间的牢固性。

（四）其他骨板临床应用技术

随着骨科内固定技术的发展，骨科植入物的种类也越来越丰富。单就骨板来说，按照不同的用途和形态，就可以分为很多的类别。临床上常用的具有特殊功能的骨板有以下几种。

1. 桥接骨板 普通骨板上的螺钉孔基本上是均匀分布的，而桥接骨板上在靠近骨板的中心位置没有螺钉孔，如图 1-2-37 所示。这样在骨干出现较为复杂的骨折、自身失去支撑能力时，则骨板的中间部分可以代替其实现这一功能，骨板两端的螺钉完全固定在未受损伤、形态保持良好的部分骨质上。

图 1-2-37　桥接骨板

（1）桥接骨板的原理。骨板上设计过多的螺钉孔会降低骨板的强度，特别是在骨板的中间位置更是如此。如果在靠近这一区域的位置上不能够或不必要植入骨螺钉，那么没有螺钉孔的桥接骨板就非常适用，而且增加了骨板与两个断端连接的牢固性。

（2）桥接骨板的适应证。桥接骨板适合长骨骨干的粉碎性骨折且在粉碎的部分无法植入骨螺钉的情况。当然对于长骨骨干的简单骨折如使用桥接骨板，可以减少对骨折线附近软组织的破坏。骨干部分发生骨折后，无论是否为粉碎性骨折，骨折线附近的软组织损伤都是最为严重的，如果能够避免或者是减少因手术的过程对该部位造成进一步损伤，那对于术后的恢复无疑是十分有利的。

（3）桥接骨板的植入方法同普通骨板，只是对于粉碎性骨折，在骨板植入之前需要选择桥接部分的长度。由于手术时骨折线附近的软组织不用充分分离，为了减小伤口的长度，可以采用微创的办法，即仅在骨板的两端需要植入骨螺钉的地方切开小口，简单地进行软组织的分离后植入骨板，最后从两端的小切口植入螺钉固定骨板即可。

2. 高尔夫接骨板 高尔夫接骨板的形态如图 1-2-38 所示。主要用于长骨的末端，特别是股骨的远端。

当骨折线过于靠近长骨一端时，对于普通形状的骨板来说，较短的一侧可能只能植入一枚骨螺钉，这显然不能保证固定以后的稳定性，高尔夫接骨板正是利用骨板的平面内弯曲来增加可以植入的螺钉的数量，从而使稳定性得到保证。

3. T 形接骨板 T 形接骨板的形态如图 1-2-39 所示，该骨板也适合长骨靠近关节处的骨折，由于长骨两端有自然的膨大，当骨折线靠近关节时，使用该骨板可以增加关节端的植入螺钉数量，从而使固定的效果更好。其发挥优势作用的原理和高尔夫接骨板相似，不同之处在于适用于不同形态的骨骼。

图 1-2-38 高尔夫接骨板

图 1-2-39 T 形接骨板

任务反思

1. 总结普通骨板的临床应用技术及使用。
2. 总结加压骨板的临床应用技术及使用。
3. 总结锁定骨板的临床应用技术及使用

子任务 4　骨外固定技术

子任务目标

1. 掌握骨外固定技术的理论知识。
2. 掌握骨外固定技术的分类。
3. 掌握各类骨外固定技术的临床应用。

相关知识

一、骨外固定技术概述

骨外固定技术是利用外固定架（器）对骨进行固定的一种治疗手段。此技术的基本特点是将内置物（钢针或钢钉）经皮肤和软组织穿过骨结构，然后再通过连杆和固定夹将裸露于皮肤外的内置物彼此连接起来，以达到固定骨的目的。骨外固定技术具有对组织损伤小、操作简单、术后骨折愈合比较快等不可替代的优势，因此在骨科临床上应用相当广泛。根据在同一个手术中的外固定架是否在同一个平面又可分为单平面外固定技术和多平面外固定技术。

小动物骨外固定应用来源于人医外固定技术，我国小动物骨外固定技术的应用开始于2008年，尤其是2010年国内小动物骨外固定相关骨科器械逐步完善并推出以后，该技术得到快速、全面的发展。目前骨外固定技术已广泛应用于小动物四肢骨骨折、骨盆骨折、下颌骨骨折等方面。骨外固定产品材料包括不锈钢、钛合金、铝合金、碳纤维等，可以满足各种骨折的临床需要。除了用于犬、猫各种骨折，还广泛用于各种爬行类、鸟类及其他异宠的骨折固定。

外固定技术靠外固定架固定骨折远、近端，其稳定性优于石膏或夹板等间接外固定方式。图1-2-40为在骨骼模型上进行的单平面骨外固定技术。

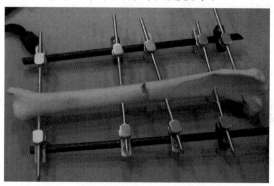

图1-2-40　骨外固定支架示意

二、骨外固定技术的适应证

外固定支架在临床上的用途非常广泛，可用于躯干骨骨折和四肢骨骨折（包括骨折、骨裂和粉碎性骨折等），但是应用最多的是四肢骨的骨干骨折。尤其是对于比较复杂的粉碎性骨折，外固定支架的优势非常明显。

任务实施

一、骨外固定技术的分类和操作方法

骨外固定支架种类很多，临床上常根据骨折类型灵活选用。骨外固定手术所需要的主要骨科工具是骨钻、大力剪、螺丝刀等，其他相关的工具包括手术刀等常规手术器械。手术材

料主要为相关成套的外固定支架材料和必需的消毒材料等。常规药品主要有消炎药、麻醉剂、止痛和止血药品等。常用设备包括 X 线机等。

(一) 单边式外固定支架

单边式外固定支架是外固定支架中较为简单的一种类型，这种外固定支架因为所用材料少故比较轻便，这对宠物恢复期的运动有重要的意义。单边式外固定支架适用于所有四肢骨的长骨骨干骨折，尤其是对于前肢的肱骨和后肢的股骨骨折，由于犬、猫的特殊解剖结构，其臂部以及股部和躯干的软组织联系比较多，当外固定支架由内侧突出于皮肤表面时，将会受到躯干部的影响，严重时会导致不必要的损伤。单边式外固定支架可以仅从这些部位的外侧突出于皮肤表面，内侧仅仅穿透骨骼即可，这样就可以避免上述问题。

（1）术前对动物的骨折情况进行准确的诊断并制定详细的手术方案，对动物进行常规的麻醉、保定、剃毛、消毒，必要时应进行合理的术前治疗，相关操作和注意事项同其他手术，此处不再重复叙述。

（2）根据既定的手术计划，确定外固定支架的平面（一般与动物躯干矢状面垂直且和横断面平行）。一般来说，外固定支架的平面应和身体的长轴垂直，并且是自外向内钻入钢针。钢针直接装置在骨钻上，预留出合适的长度，找准钻入的位置并确保固定牢固。钻入的横向钢针需要尽可能地与长骨的长轴垂直，第一根钻入的钢针应当选择在骨折近心端远离骨折部位处，如图 1-2-41 为单边式外固定支架在骨骼模型上操作的效果图，图中可见共有 4 根横向的钢针穿入骨骼，其中两根在骨折处的近心端，另外两根钢针在骨折处的远心端，这样可以确保装置好支架后骨折处保持较好的稳定性。图 1-2-42 是钻入第一根钢针的位置示意（位于骨折近心端远离骨折部位处）。

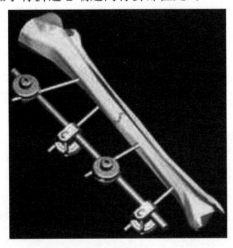

图 1-2-41 单边式外固定支架示意

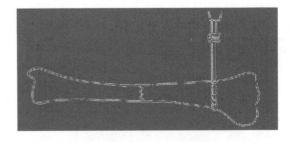

图 1-2-42 第一根钢针放置示意

（3）装置竖杆。竖杆距离皮肤表面不能太远，以不影响动物受伤部位的运动为宜。竖杆的方向应与受伤骨骼的长轴基本平行，如果该部位骨骼的近心端的肌肉层过厚而远心端的肌肉层又非常薄，并且该骨骼近心端和远心端的直径差距又比较大，竖杆在骨骼的远心端可以适当靠近皮肤，最终形成一个梯形平面。总体的原则是既要保证最大的稳定性，又不影响恢复期的运动。竖杆的长度最好是比骨折长骨的原始长轴适当短一些。图 1-2-43 为固定第一根钢针和竖杆后的示意。

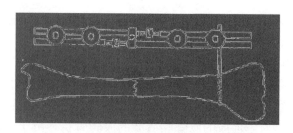

图 1-2-43　第一根钢针和竖杆放置示意

（4）装置第二根钢针，第二根钢针的植入方法和第一根钢针相同，但是对于特殊设计的竖杆固定架，由于竖杆和钢针相连接和固定的位置是确定的，因此第二根钢针以及其他所有剩余钢针的位置都要根据竖杆来决定。如果钻入钢针的位置和竖杆上的钢针连接点不能很好地对应，则需要调整钢针的方向或者角度，使之与连接点适应，以便能够顺利地将所有钢针和竖杆固定在一起。如果使用普通的竖杆（没有固定连接设计的竖杆），也可以先植入第二根钢针，甚至可以将所有需要的钢针都植入后再装置竖杆。但除非特殊情况，一般不采用所有钢针都植入后再装置竖杆的程序。

植入第二根钢针时应对骨折骨骼进行复位，使其恢复原来的解剖结构，即恢复原来的方向和长度，然后使植入的两根钢针位于一个平面。为确保该操作的准确性，可以与骨折骨骼的另一侧对应的骨骼进行对比，必要时进行 X 线诊断或者在植入第二根钢针并且和竖杆连接牢固后进行 X 线诊断确定。

图 1-2-44 为装置第二根钢针后的示意图，第二根钢针选择在骨骼的最远端为佳，这样能够保证最终固定的稳定性并且方便以后的操作。

（5）剩余两根钢针的植入方法和注意事项大致与前两根钢针相同，最终 4 根钢针将最两侧钢针之间的这段骨骼分成 3 段，在选择中间两根钢针的位置时，尽可能地使 3 段距离相等，如图 1-2-45 中标注的每段的长度均为总长度的 1/3。但是如果骨折的情况比较特殊，则不适宜采用上述标准。此时，应考虑的手术要点是：首先保证稳定性和后期的恢复效果，其次是尽可能地减少手术对组织造成的损伤，再次是尽可能使操作方便以减少手术时间，最后是方便固定架的最终拆除。

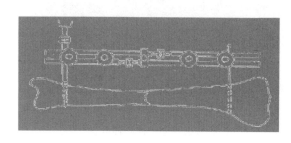

图 1-2-44　第二根钢针放置示意

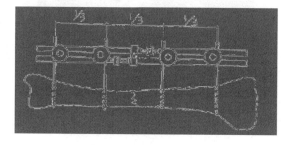

图 1-2-45　所有钢针放置示意

（二）双边式外固定支架

和单边式外固定支架相比，双边式外固定支架的最大优势是牢固性大大提高。

图 1-2-46 中骨骼模型上的装置即为双边式外固定支架：长骨上的 4 根钢针均完全穿过骨骼的横截面并且两端都露出皮肤之外，两端均以一根竖杆加以固定。双边式外固定支架形成了一个非常稳定的矩形平面，骨折的骨骼则处于该稳定矩形平面的中间。骨骼本身没有参

与支架的形成却能够被牢牢地固定。而在单边式外固定支架中，骨骼本身参与支架形成并发挥重要的作用，这样在后期恢复的过程中，如果钢针和骨组织之间的连接不能维持牢固的状态，则支架的稳定性便得不到保证。

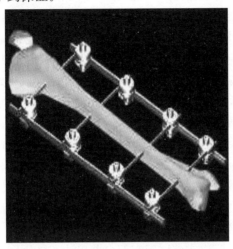

图 1-2-46　双边式外固定支架示意

外固定支架位于四肢内侧的突出部分容易对动物造成影响特别是在运动过程中可能造成摩擦损伤，因此双边式外固定支架的钢针尽量不要突出竖杆的外侧。

（1）根据手术方案，首先植入双边式框架最两端的两根钢针，即先形成方形框架的外边形状。钢针的植入方法和注意事项同单边式外固定支架。

双边式外固定支架最先植入的两根钢针分别位于骨折部位的近心端和远心端，距离骨折部位的距离大致相等。二者的方向基本平行且位于同一个平面。两根钢针植入完成后，在进行下一步操作之前，先将骨折骨骼进行复位。

（2）正确植入最两端的钢针后，装置两侧的竖杆。竖杆的长度以稍微超出两根钢针之间的距离并且能够与钢针很好的连接固定为宜。在没有特殊要求的情况下，两根竖杆的方向可以保持相互平行或每侧的竖杆与对应侧的皮肤表面保持平行即可。竖杆与皮肤的距离不能过远，以不明显影响恢复期的运动并且方便恢复期的消毒处理为宜。

（3）两竖杆与最先植入的两根钢针连接牢固后，再植入中间靠近骨折部位的两根钢针。最后两根钢针植入后，框架内的三段骨骼尽可能保持较为均衡的距离。如果因为骨折情况较为复杂不能达到这一要求，则应保证中间的钢针尽可能靠近骨折部位，但是又要完全避开骨折部位，这样才能避免在植入钢针时对骨折部位造成二次损伤。最终，4根钢针的方向应该是尽可能保持平行的，但是在手术过程中，可以根据具体情况进行调整，最终保证骨折的恢复效果。

（4）中间两根钢针正确植入后，将其与两侧的竖杆牢固地连接起来。在完全连接所有接头之前，应对骨折的修复情况进行最终确认。如果有较为特殊的需要，在固定中间钢针与竖杆的连接点时还可以通过合理的调节来优化，如通过调整竖杆和对应骨骼表面的距离使骨折面之间产生拉力或增加长骨在长轴方向上的支撑力等。这种方法为外固定支架中的加压固定，将在后文相应部分进行较为详细的阐述和图片说明。

（三）方框式外固定支架

方框式外固定支架属于多平面外固定类型，也可以看作是单边式外固定支架的复合形式，即在同一处骨折骨骼进行的不同平面的单边式外固定支架，再将两套支架的两端用横杆相互连接，最终使固定支架在皮肤表面以外又形成了一个方框形的结构。

对于长骨的螺旋形骨干骨折或其他在骨的横断面方向上容易产生较大扭转力的骨折类型，在使用单平面骨外固定支架时，可能会由于较大的扭转力使外固定支架的平面发生变形，从而影响骨折骨骼的愈合效果，多平面外固定支架则可以很好地解决这一问题。

图 1-2-47 为在骨骼模型上进行的方框式外固定支架：在不同的平面上对骨折骨骼进行单边式外固定后，又通过横杆将两个平面横向连接起来，这样在外固定支架器材和骨骼长轴之间就构成了一个类似三棱柱的结构，使该结构具有更强的抗横向扭转力的优点。

在制订手术计划时，应根据骨折的具体情况，首先确定两个单边式外固定支架所形成的平面所在的位置和方向。然后按照单边式外固定支架的操作方法完成第一个平面上的外固定支架，接着完成第二个单边式外固定支架。最后把两个支架连接起来。

（四）半环式外固定支架

半环式外固定支架属于双边式外固定支架合并单边式外固定支架的加固型支架，可以很好地解决单平面外固定支架的平面不稳定性问题。在操作时首先完成双边式外固定支架的固定，然后在另一平面上以单边式外固定支架进行固定，最后利用两个半环形的钢针将以上两个平面上的外固定支架进行加固。

图 1-2-48 即半环式外固定支架的模型。从图中可以看到整个外固定支架类似一个半圆柱形结构，半圆柱的中间剖面是由一个双边式外固定支架的外框形成。即普通的外固定支架在中间往往有更多的钢针穿过骨骼进行固定，而在该支架中只有方框结构。另一个单边式外固定支架形成的平面几乎和双边式外固定支架的平面垂直，在单边式外固定支架中，也只有两根钢针穿入骨骼模型，而且这两根钢针的位置又比较靠近骨折线。最后是两根半环形的钢针进行连接。

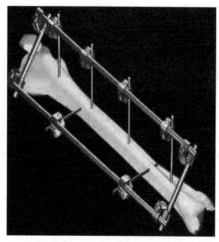
图 1-2-47　方框式外固定支架示意

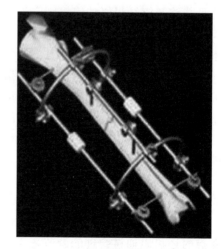
图 1-2-48　半环式外固定支架示意

（1）首先是根据对骨折的诊断情况制订手术计划，确定多平面外固定支架中各个平面的方向和每根钢针的位置，然后按照计划进行手术操作。

（2）先植入双边式外固定支架最两端的两根钢针，其注意事项与双边式外固定支架相同。两端的钢针植入并调整好后即安装两侧的竖杆。

（3）两侧的竖杆安装后不是像普通的双边式外固定支架一样继续植入中间的钢针，而是在另外一个不同的平面上分别靠近骨折处的近端和远端植入两根钢针。连接单边式外固定支架的竖杆，要尽量保证三根竖杆距离骨骼表面的距离相等。

（4）最后安装两端的两根半环形的钢针，使半环形钢针将三根竖杆稳定地连接起来。此处需要注意的是，两个半环形钢针所发挥的作用仅仅是不让两个平面发生移动和变形，在确定钢针弧度时，必须注意不能使单边式支架上的横向钢针承受植入方向上的压力和拉力。

（五）股骨干三角式支架

该类型外固定支架是根据股骨的特殊结构，特别是股骨骨干与躯干的特殊位置关系来设计的支架类型。股骨为全身受力最大的四肢骨，因为股骨各关节运动灵活，其受力的方向也比较复杂。当股骨干发生骨折时，如果使用单边式外固定支架则由于稳定性不够不能保证恢复期不出意外；如果采用双边式外固定支架，虽然在牢固性方面有所增强，但是该类型支架在股骨内侧的突出部分必然会对动物的腹部造成影响甚至是损伤，导致动物在恢复期无法正常运动或者卧地休息；其他多平面的外固定支架自然更不适合用于股骨干的外固定。

股骨干三角式支架安装技术是把单边式外固定支架、双边式外固定支架和多平面外固定支架等技术结合起来，克服了每种类型支架的缺点，有效利用其优点使固定更稳定。图1-2-49即股骨干外固定支架模型。

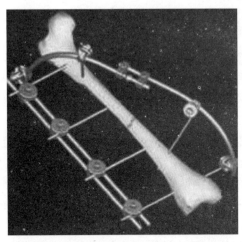

图1-2-49 股骨干外固定支架示意

（1）自股骨外侧穿入股骨干的4根钢针中，只有最远端的钢针完全穿透股骨骨质，采用的是双边式外固定支架类型，其他3根钢针都采用了单边式外固定支架形式。

（2）再用一根钢针或者是两根钢针结合在一起构成弧形后将最近端钢针外侧与竖杆的连接处和最远端钢针内侧连接起来，即最近端钢针外侧与竖杆的连接处、最远端钢针外侧与竖杆的连接处、最远端钢针内侧与弧形钢针的连接处三个点构成了一个三角形。

（3）为增加弧形钢针和骨骼的稳定性，又在弧形钢针上选择两个跨过骨折处的点，在与骨骼垂直的方向上植入两根钢针，然后再将植入的钢针和弧形支架连接起来。这样就形成了一个在各个方向上都非常稳定的外固定支架，而且在股骨的内侧没有突出的支架影响受伤部位的运动。虽然在最远端有一根钢针突出于股骨内侧，但是膝关节附近游离性强，对躯干部和其他临近部位的影响不大。

二、外固定支架技术治疗骨折的优势

（1）夹板外固定技术虽然没有外来材料的介入，对骨质及软组织的损伤比较小，对于特殊部位的简单骨折可能效果比较好，但是对其他骨折的整复效果往往比较差。夹板和皮肤及软组织之间挤压比较紧时，容易影响到局部的血液循环，严重时会导致局部肿胀甚至坏死，而夹板材料和受伤部位固定比较松散时又容易脱落，并且骨折复位后的稳定性也不能得到保证。夹板外固定的另一缺点是固定材料的透气性较差，也会对局部造成一定的影响。

外固定支架技术几乎可以解决夹板外固定技术的上述所有问题。除此之外，还可以保证更好的骨折整复效果。

（2）内固定技术可以在直视情况下最大限度地将受伤的骨骼整复到原来的解剖结构，并且利用植入物使整复后的牢固性有很好的保证。但是内固定技术的最大缺点就是在手术过程中无论是对骨组织还是对其附近的软组织都会造成较大的损伤，尤其是对损伤骨骼的供血系统造成不同程度的破坏，严重时可以导致骨骼后期愈合障碍。此外，过多的植入物无论是对骨组织还是其附近的软组织都会造成不利的影响。利用外固定支架技术则既可以保证骨折整复后最大稳定性，又保证了对骨质最低限度的损伤，同时对周围软组织的损伤也比较小，这样对后期的愈合无疑是非常有利的。

三、外固定技术需要注意的问题

1. 消毒 虽然外固定支架技术的安装材料都暴露在皮肤之外，但是在手术操作时需要将其中的一部分植入骨质内部，因此对这些材料（包括不需要植入的竖杆等所有与支架有关的材料）和工具的消毒要求和骨折内固定是一样的，均需要进行彻底灭菌。对手术部位的皮肤表面要进行严格的消毒，并且手术的全过程要保证无菌。

2. 穿入骨质的钢针和骨质之间的稳定性问题 无论是单平面外固定支架还是多平面外固定支架，由于骨干的长轴均参与了平面的构成，如果骨骼和穿过的钢针之间没有牢固的关系，则整复后骨骼解剖结构的稳定性就不能得到保证，这将直接影响骨折的愈合。如果要达到这种稳定性，钢针必须一次性穿入，这就要求在选择穿入点、确定穿入或穿过的深度和方向时要特别慎重，钻入后不能回拉和改变方向。

3. 注意钢针对骨质的损伤 虽然外固定支架对骨质的损伤比较小，但是钢针刺入骨质后并在其中停留仍然会对骨质造成一定损伤。如果选择的钢针过粗，穿孔过大，不但在手术过程中会有一定的损伤风险，而且在后期的愈合难度也会增加。而如果钢针过细，硬度就会降低。钢针的直径一般不超过骨直径的20%。

4. 钢针对肌肉的影响 钢针对肌肉的影响主要有两方面：一是钢针在穿入的过程中对肌肉的损伤；二是在后期运动时肌肉的收缩会受到钢针的影响。在植入钢针时，可在植入点的皮肤上用手术刀切开一个小口，然后术者用手将植入点皮下的肌肉向一侧按压，使钢针在不损伤肌肉的情况下直接进入骨质内部。钢针自骨质穿出至皮外的过程也采用同样的操作方法。在选择钢针的植入点时，可以使动物受伤的部位进行被动运动，同时观察肌肉的运动情况，以确保肌肉受钢针的影响最小。

5. 外固定支架对身体相关部位的影响 外固定支架外露部分难免会对动物的生活造成一定的影响，而合理的操作就是尽量使这种影响降到最低程度。例如在能够保证固定效果的情况下，尽可能选择单边式外固定支架；双边式外固定支架多使用在前肢的尺桡骨和后肢的胫骨骨折；对于受力比较大而且受力方向比较复杂的部位可采用多平面外固定支架。总之，应根据需要灵活选择，使其达到最好效果的同时减少运动时对身体其他部位的影响。

6. 手术恢复期的护理 手术恢复期一是要做好消毒和抗感染工作。保证钢针穿入组织的部位不能发炎化脓，不能有污染物，不能有持续、较多的出血。要保证整个外固定支架尽可能干净，经常检查其是否稳固或变形。必要时需要对动物进行全身抗感染。二是对进行固定的骨骼定期复诊，观察恢复情况，如果出现愈合障碍则需要尽快采取相应措施。三是进行适当的运动，可以促进受伤部位的血液循环，这对骨折的愈合是很有必要的，但是如果在恢复期运动量过大或过于剧烈，则不能保证骨折部位的安静，骨折愈合的进度就会受到影响。

7. 外固定支架的加压作用 和其他骨折内固定一样，向骨折面上施加一定的压力，使骨折复位后断裂缝隙尽可能缩小也可以加快骨折愈合的进度。沿骨骼长轴方向上的加压是在植入前两根钢针后并与竖杆相连接时实现的，对于斜骨折，需要在骨折面上产生几乎和长轴垂直的压力，这种压力是在植入最后两根靠近骨折线或者位于骨折线上的钢针时实现的。

任务反思

1. 总结骨外固定支架的种类和临床应用。
2. 总结单边式外固定支架的临床应用技术及使用。
3. 总结双边式外固定支架的临床应用技术及使用。
4. 总结组合式外固定支架的临床应用技术及使用。
5. 总结半环式外固定支架的临床应用技术及使用。

子任务5 带锁髓内针的应用技术

子任务目标

1. 掌握带锁髓内针技术的理论知识。
2. 掌握带锁髓内针的分类。
3. 掌握带锁髓内针技术的临床应用。

相关知识

带锁髓内针属中央型内夹板式固定，髓内针本身所受到的弯曲力矩小，对肢体的生物力学干扰少。骨折近端及远端的锁钉抗扭转力大，能有效维持骨骼的解剖长度和预防旋转移位，且髓内针固定手术较钢板内固定手术创伤小、固定牢固，可较早地进行关节功能锻炼和部分负重。由于带锁髓内针是一种弹性固定，骨折端可存在微小活动，有利于骨痂生成，符合骨折愈合所需要的力学环境。特别是严重长节段粉碎性骨折和多节段骨折，可以在较小的创伤下用交锁髓内针将骨折段固定，较好的保留了粉碎性骨折块的血液供应，有利于骨折的愈合。

现在骨折治疗提倡微创术式，如果片面强求解剖复位，而破坏局部血液循环，会直接影响骨折的愈合。现在越来越多的人认识到，骨折治疗必须着重于寻求骨折稳固和软组织完整之间的平衡，特别是严重的粉碎性骨干骨折。只要恢复骨干的长度和力线对位关系，尽量不破坏骨折碎块的血液循环，就可以缩短粉碎性骨折愈合及术后功能恢复的时间。在有条件和有经验的地方，透视下闭合复位大致满意后，在大转子窝处仅做一小切口即可在透视引导下顺行穿髓内针、安装锁钉，可大大减轻对患病动物的手术损伤。交锁髓内针是否扩髓仍是目前临床上争论的焦点。但也应注意理论上扩髓可使本来受损的股骨内膜血液循环进一步被破坏，增加形成死骨的机会，使不愈合率增高及发生肺脂肪栓塞概率增加。所以在临床上应尽量避免过度扩髓，减少骨内膜营养血管的损伤。扩髓时动作尽量缓慢，避免因髓腔压力急剧升高而发生肺脂肪栓塞。手术中股骨干骨折远侧2个横向锁钉的植入是整个手术中最关键的一步。在安装远心端横向锁钉的操作中，应特别注意股骨远心端前方顶压杆的位置。只有保证顶压杆完全抵住髓内钉的前侧，横向钻头才能顺利钻入交锁横孔。甚至有时需扩大外侧钻孔，或在股骨干前侧开一骨窗（术后回填原处），在半直视下安装横锁钉。增加了手术时间及难度，减弱了固定的牢固性，使并发症机会增多。早期的髓内针是实心的，后来的髓内针改进成中空的，在没有X线确认横向锁钉位置正确时，可用一细长探针，植入髓内针空腔中，上下移动，探触横行钻头是否穿过针体锁孔。安装锁钉时需由远及近依次安装，采用此法验证，可节省大量时间，且准确率大大提高。手术中另一个关键是股骨大转子梨状窝扩孔位置的问题。在大转子梨状窝上开孔，顺行穿针扩髓，安装顶压杆一般较容易成功。目前临床上使用的手柄配合卡尺型的带锁髓内针固定装置使操作更加容易。

一、带锁髓内针的概念及形态

带锁髓内针是在原有髓内针基础上带有两端的横向锁定孔，并在植入后可以用锁定螺栓加以锁定，从而增加其在长骨横断面上的扭转力，最终使骨折固定更加牢固且对骨骼的损伤又比较小的髓内针。

带锁髓内针及其锁定孔如图 1-2-50 所示。图中可见髓内针、不同方向的横向锁定孔及锁定螺栓。在临床实际操作中，根据手术的不同需要，可以选择带有不同数量锁定孔的髓内针，横向锁定孔可以在一个平面上，也可以是不同的方向，具体情况要参考手术的操作要求和损伤骨骼的解剖学特点。横向锁定螺栓既可以是普通的锁定螺钉，也可以是专用的锁定螺栓，专用的锁定螺栓在后文中有较为详细的阐述。

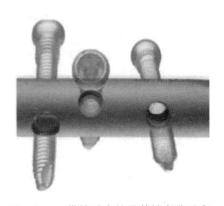

图 1-2-50 带锁髓内针及其锁定孔示意

二、带锁髓内针的作用原理

普通髓内针作为一种重要的骨科植入材料早已被广泛应用，这主要因为髓内针具有不可替代的优势。例如单独使用时操作简单，需要的骨科器械比较少，对组织的损伤小，取出植入物比较容易等，但是和其他植入材料一样，髓内针也有很多缺点，这就限制了其在临床上的使用范围，多数情况下需要配合其他的内固定植入物共同使用。其中普通髓内针最大的缺点就是抗扭转力较差，容易在愈合的过程中使骨折两个断端发生扭转而改变原来的解剖学形态，最终使骨折不能愈合或者不能正常愈合。带锁髓内针的使用则几乎完全解决了这一问题。当髓内针被植入骨髓腔后，两端的横向锁定孔内可再植入横向的螺钉或锁定栓，这样既可以避免髓内针和骨骼之间发生横向的旋转，使骨折的两个断端具有了很好的抗扭转能力，又使损伤骨骼在长轴方向上不至于被拉伸和挤压，因此也就保证了两断端的相对稳定性，这对骨折的愈合是一个必需的条件。

图 1-2-51 为胫骨骨干横向骨折的带锁髓内针固定的 X 线影像图，图中胫骨近心端植入的两枚横向锁定螺栓处于不同的平面，而远心端的两枚横向锁定螺栓则处于同一平面上。从图中可以看出，髓内针的横向锁定孔是可以选择的，具体要根据手术的需要。髓内针植入后，分别在骨骼的近心端和远心端植入两枚横向锁定的骨螺钉，骨螺钉的植入方向可根据骨骼的解剖结构和所选择的带锁髓内针的设计来决定。

图 1-2-52 为带锁髓内针的使用模式示意，分别代表植入不同长度的髓内针。髓内针的长度主要根据骨骼的长度和发生骨折的部位来决定，而横向锁定螺钉的植入位置只要能够合理的跨过骨折线的两端并且不会对骨折线造成不良影响即可。至于横向锁定螺栓的方向，可以根据骨折的情况和髓内针的设计来确定，既可以使所有的锁定螺栓处于一个平面上，也可以相互垂直或成一定的角度。

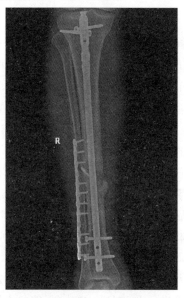

图 1-2-51 固定示意

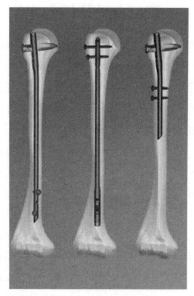

图 1-2-52 不同长度固定示意

任务实施

一、带锁髓内针的适应证

理论上讲，在临床上凡是适合使用普通髓内针的骨折内固定，均可使用带锁髓内针，而在骨折线过于靠近骨端时，普通髓内针因为受力的长度和面积过小已经不能发挥正常作用时，只要带锁髓内针两端的横向锁定孔能够完全越过骨折线，就可以起到很好的固定作用。另外，在骨干粉碎性骨折时，如两个骨折的断端使用普通髓内针不能进行有效的支撑时，带锁髓内针又可以起到很好的支撑和抗牵拉作用。即带锁髓内针除了具有对抗骨折骨骼在恢复期的横向扭转力，还具有维持损伤骨骼原有解剖学长度的良好效果。对于关节附近的复杂骨折，还可以利用带锁髓内针来维持骨端和骨折之间固定的角度，如图1-2-53为靠近股骨颈部分的骨折治疗或进行手术骨骼矫形时使用锁定髓内针的操作示意。

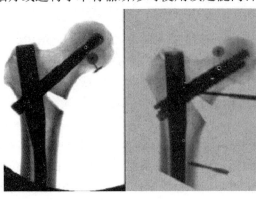

图1-2-53　靠近股骨颈进行矫形时使用锁定髓内针进行固定X线影像

二、带锁髓内针的植入方法

下面以股骨骨干粉碎性骨折为例来说明带锁髓内针的植入方法。

（1）按照常规的程序和方法进行术前准备。术前进行充分而准确的诊断，对骨折的情况尽可能全面了解，对动物的整体情况进行评估，然后根据临床实际情况制定手术方案。对于发生粉碎性骨折的骨骼，在该骨骼的解剖学形态发生明显变化时，还需要对另外一侧没有发生骨折的对应骨骼进行对比性的X线诊断，以确定受伤骨骼的形态、长度、直径和骨髓腔的大小，以便选择大小合适的带锁髓内针和制定适当的手术方案。

（2）手术通路的打开。多数情况下从股部外侧打开手术通路，具体方法可以参考骨板的骨折内固定部分。但是在不影响手术操作的前提下，手术的切口以能够满足横向锁定孔的植入为宜。如果发生骨折后骨的解剖学形态没有发生明显的变化，则不需要完全暴露整个骨折的骨骼，只需要在植入锁定螺钉的地方切开小口，能够进行手术操作即可。总之，应在尽可能减少手术对组织造成损伤的原则下，根据手术时的具体情况来决定。

（3）选择合适大小的普通髓内针装在骨钻上，自大转子窝钻入股骨的骨髓腔。为了避免髓内针的进入对骨折处的软组织和骨骼的解剖结构造成进一步破坏，髓内针不能过大，尽可能偏小。由于该髓内针的作用仅仅是打开一个植入带锁髓内针的通道，因此原则上该髓内针只要进入股骨的骨髓腔内即可。达到目的后即可拔出髓内针。具体方法可以参考普通髓内针的植入手术。图1-2-54为髓内针经大转子顺向进入股骨内的操作示意：首先需要经皮通过大转子定位找到大转子内侧隐窝，从隐窝处钻孔或者使髓内针穿透隐窝进入股骨近心端髓腔内，接着对骨折进行复位并把髓内针推进至远心端髓腔内，最后根据测量长度把髓内针推进至股骨远心端，确定好长度后剪除多余髓内针即可。

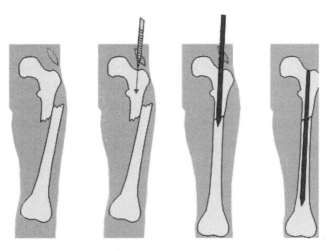

图 1-2-54 股骨大转子顺向进针操作示意

（4）选择合适的扩髓器，将扩髓器利用骨钻自大转子隐窝上钻开的孔钻入骨髓腔进行扩髓。在扩髓时应该同时将骨折进行复位，使骨折股骨恢复到原来的长度和形态，以便在最终复位时仍可以恢复到一个较为理想的解剖学状态。扩髓器应该贯穿整个骨髓腔的长度，如果最终必须抵达股骨的远心端（如股骨远心端的骨折），一般情况下不应该穿透股骨远心端的关节面。如果是靠近股骨近心端的简单骨折，则扩髓器进入骨髓腔的长度可以根据具体情况适当缩短。扩髓器进入的长度就是最终带锁髓内针进入的长度，将直接影响骨折远心端横向锁定螺栓的植入位置。因此，在扩髓之后，应利用带有刻度的探针来确定最终需要植入的带锁髓内针的长度，从而基本确定骨折远心端横向锁定螺栓植入的解剖学位置是否合适。

带锁髓内针的植入：传统方法中，带锁髓内针植入后还需要通过 X 线或透视设备的引导确定髓内针上锁定孔的方向，而目前骨科手术上专用的带锁髓内针设备也已经在应用，可以利用带锁髓内针的卡尺直接确定锁定孔的方向和位置，保证一次性、准确地钻孔并植入锁定螺钉。

图 1-2-55 为可以固定卡尺且可以将扩髓器和髓内针打入骨髓腔的手柄（或称手钻）。在实际操作时，一般可以使用普通的骨钻打开骨科手术的骨骼通路，即在股骨大转子隐窝内钻孔并使髓内针进入股骨的骨髓腔内。图 1-2-55 中，左侧部分为手柄，右侧为带有标尺的扩髓器，手柄的上方可以固定卡尺，以确定扩髓器进入的长度。手柄的下方有用来固定和松开扩髓器及髓内针的卡扣。本教材以此种设计的髓内针植入工具为例。

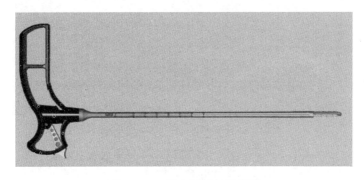

图 1-2-55 带有标尺的扩髓器

图1-2-56为扩髓器打入骨髓腔的示意，其中左图显示扩髓器顶端到达股骨远心端的位置。当骨折的位置靠近骨干中间或远心端时，扩髓器进入的长度就需要尽可能接近骨骼最远端，使骨折远心端与髓内针接触的面积达到最大，以达到最好的稳定性。右图显示扩髓器上的刻度，用来确定或判断扩髓器的顶端所处的位置，还可以准确地确定所需要植入横向锁定螺栓的位置。这在临床操作上非常重要，因为一次性成功钻孔不但可以减少操作时间，更重要的是可以减少手术对软组织及骨组织的损伤，这对于损伤比较严重的粉碎性骨折更为重要。与此同时，扩髓器上的刻度还可以提示应选用的带锁髓内针的长度。选择长度合适的髓内针不但可以使固定效果达到最好，也可以避免髓内针的植入对骨骼和关节造成额外损伤。

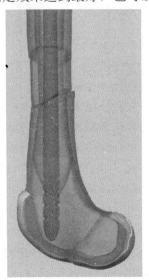 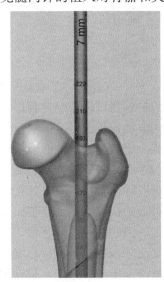

图1-2-56　扩髓器打入骨髓腔的示意

（5）扩髓结束后，退出扩髓器并将扩髓器自手柄上取下，换上选定的与扩髓器长度和大小对应的髓内针，如图1-2-57所示。髓内针和手柄之间还有一个连接器，其粗细和髓内针基本一致，这样就可以保证将整个髓内针完全植入骨髓腔。图1-2-57中，末端颜色较浅的部分为髓内针，手柄近端颜色相对较深的部分为连接器，在带锁髓内针完全进入骨髓腔预定位置后可以通过控制手柄上的卡扣使其脱落。不过需要注意的是，在去掉连接器之前应该先植入锁定髓内针的横向锁定螺栓。

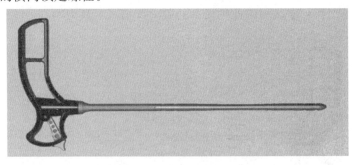

图1-2-57　将髓内针和手柄连接

其步骤如下：将带锁髓内针植入骨髓腔合适位置后，先调整髓内针横向锁定孔的方向，使其符合预定的手术方案，一般应方便横向锁定螺栓的植入。手柄的设计基本上是一个平面结构，髓内针装好后，横向锁定孔、手柄、髓内针和连接器等均处于一个平面内。然后放置和固定卡尺，使卡尺也处于上述平面当中（图1-2-58）。卡尺上同样有标尺，并且有固定导钻的特殊设计，这些部位和髓内针上的锁定孔能够很好地对应，固定导钻后，导钻的方向很容易和横向锁定孔处于一条直线上。

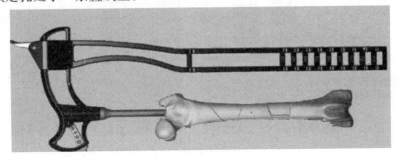

图1-2-58　卡尺和手柄连接后使用示意

（6）根据带锁髓内针上锁定孔的大小选择合适的锁定螺栓，然后根据螺栓的大小确定使用的钻头和钻套，准备好探针、骨钻及钻头套（导钻）等相应工具。图1-2-59分别为不同型号的钻头及钻套、探针和临时锁定螺栓。临时锁定螺栓可以使骨骼上的钻孔和髓内针的锁定保持相对稳定，以便顺利地植入锁定螺栓。对于较为简单的骨折，骨折线附近可能没有暴露，这样在植入锁定螺栓之前需要重新打开手术通路，使植入螺栓部位的骨骼较好的暴露出来，以提高操作的准确性并且减少对附近软组织的损伤。手术通路打开的方法可以参考普通骨骼手术。

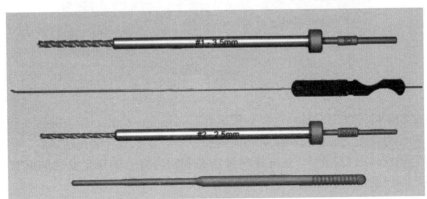

图1-2-59　不同型号的钻头及钻套、探针和临时锁定螺栓

操作程序：先确定植入锁定螺栓所对应的卡尺的位置，并且根据骨折的具体情况确定需要植入锁定螺栓的数量。然后在卡尺上的特定位置固定钻套，使钻套末端刚好接触骨质表面而不产生明显的挤压，确保钻套刚好位于髓内针、手柄以及卡尺所形成的平面内，使钻套和髓内针横向锁定孔位于一条直线内。对于使用卡尺的工具来说，确定钻孔的位置相对比较容易。利用相同的方法将所有必需的钻套安装完毕。在钻套的导引下，用骨钻横向钻入骨骼，为了确保位置没有偏差，在钻透一侧骨皮质时，应该使用探针确定钻孔是否和髓内针上的锁定孔对应（图1-2-60），然后再钻透另一侧的皮质。图1-2-60（左）显示骨钻刚刚钻透近侧骨皮质并抵达髓内针横向锁定孔的起始端，这时应暂时退出钻头，使用探针来确定钻孔和锁定孔的相互对应情况[图1-2-60（右）]。

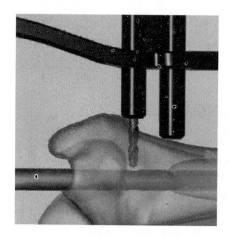

图1-2-60　在钻套的导引下进行钻孔及探测位置示意

确定钻孔没有偏离后继续钻透另外一侧的骨皮质（图1-2-61）。注意：该操作仅穿透远侧的骨皮质即可，切记不能损伤内侧的软组织，因为在股骨等四肢骨的内侧存在大量的血管和神经等重要组织。

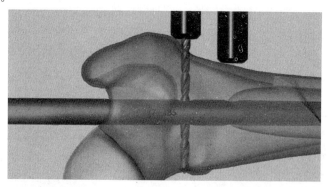

图1-2-61　在钻套引导下继续钻透对侧骨皮质

然后按照相同的方法完成其余的横向锁定孔。每钻完一个孔，就去除钻头和钻套，用一个临时锁定螺栓将骨骼上的钻孔和锁定孔固定在一起，直至所有的孔钻好后，移去卡尺，而保留临时锁定螺栓（图1-2-62）。这样横向锁定孔和髓内针上的锁定孔之间就有了比较稳定的位置关系，方便植入锁定螺栓。

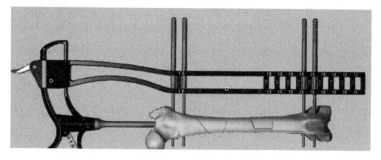

图1-2-62　钻孔后临时锁定螺栓固定示意

（7）选择大小合适的螺栓。螺栓的设计通常分两个部分：一端通常较细而且呈圆柱形，其横截面直径与锁定髓内针上的锁定孔内径对应；另一端较粗而且呈三棱柱状。在植入螺栓时，其圆柱形部分可穿过髓内针上的锁定孔和对侧骨皮质的部分，三棱柱部分则刚好抵达锁定孔但是不能通过。所以在三棱柱部分抵达髓内针锁定孔时会产生明显的阻力，这样在植入的过程中操作者比较容易判断。锁定螺栓和骨螺钉一样，在使用的过程中既要完全穿过骨皮质，又不能突出骨质表面过多，植入前可以根据这个要求裁定锁定螺栓的长度。手术操作时，可以用探针或标尺确定螺栓两部分的长度并用螺栓裁剪器进行处理，然后植入。每取出一个临时锁定螺栓就植入一个锁定螺栓，不能一次性将所有的临时锁定螺栓取出。每个螺栓均以相同的方法植入，图1-2-63（C）中最左侧的为植入的锁定螺栓，其右侧与之平行但是较长者为临时锁定螺栓。

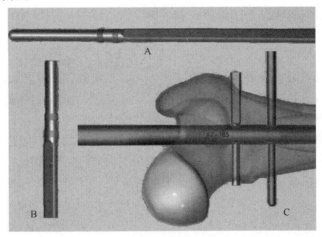

图 1-2-63　裁定前（A）后（B）的锁定螺栓和植入后（C）的示意

（8）待所有的锁定螺栓植入后（图1-2-64），即可以去掉手柄及连接器，利用X线来确定内固定的效果。确定没有问题后进行软组织的处理和手术通路的闭合。在实际操作中，锁定螺栓的数量是灵活的，但是通常情况下不能少于2个，最多也没有必要超过4个。因为螺栓数量过少则不能保证固定的稳定性，如果过多则会增加对受伤骨骼的损伤，也会增加手术对软组织的损伤，如手术伤口的扩大等。

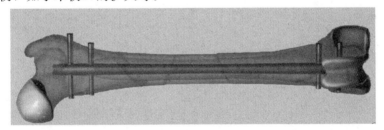

图 1-2-64　植入所有的锁定螺栓后的示意

带锁髓内针的植入在临床上还有其他类似的工具，应根据手术的要求和工具的特点适当调整操作的方法和程序。

三、带锁髓内针的使用注意事项

（1）带锁髓内针在设计上没有攻入骨质的螺纹或锐利的头端，因此在使用时不能直接用其钻孔，而是先选择一个普通的髓内针装置在钻头上钻入骨髓腔，该髓内针在型号上应略小于最终要选择的带锁髓内针。

（2）因为扩髓器进入的长度决定最终髓内针的位置，所以在利用扩髓器时需要特别注意。虽然有卡尺可以及时确定扩髓器末端的位置，但是依然要进行适当的标记而且保证其末端不损伤远端的关节腔。扩髓的程度以髓内针能够顺利植入为标准。扩髓时必须使损伤骨骼尽可能恢复原来的解剖学结构。

（3）横向锁定螺栓的数量通常是2～4枚，最少为2枚，并且是分布在骨折线的两端尽可能靠近骨端的地方。靠近骨端的意义：一是骨端的横径往往比较大，这样锁定后比较牢固；二是骨端多为骨松质，而骨松质的红骨髓和成骨细胞较多，血液供应充分，手术后愈合比较容易；三是骨端的肌肉层往往较薄，手术操作较为容易。

在临床上采用在远心端锁定螺栓交锁完毕后回抽髓内针，使骨折断端加压，然后再安装近心端的锁定螺栓。

横向螺栓可以有效对抗愈合过程中的扭转力，因此髓内针和骨髓腔的摩擦力就显得不重要了，为了减少髓内针的植入对骨髓腔的损伤，就可以在保证强度的前提下，尽可能选择细一点的髓内针。这样除了减少损伤外，还可以降低操作的难度，使后期的愈合更加顺利。

（4）上文的操作中，4枚横向锁定螺栓均处在同一个平面中，但是在具体手术过程中，也可能需要处于两个甚至是多个平面。在这种情况下，进行钻孔和植入螺栓时，要分别调整手柄和卡尺，使所钻的横向锁定孔和髓内针上的对应锁定孔对应成一条直线，并且按照上述的程序确保钻孔准确。

任务反思

1. 总结带锁髓内针的发展历程。
2. 总结掌握带锁髓内针在股骨骨折中的操作流程。

项目 2　小动物骨科临床技术应用

> **项目指南** >>

本项目详细介绍了小动物骨科技术在临床的技术应用，分别就骨板和骨外固定支架技术在小动物四肢骨、骨盆及其他部位的临床应用进行概述。

任务 1　骨板临床应用技术

> **任务目标** >>

掌握骨板在小动物四肢骨、骨盆及其他部位骨折中的应用技术。

子任务 1　骨板在四肢骨骨折中的临床应用

> **子任务目标** >>>

1. 掌握骨板在股骨骨折中的临床应用技术。
2. 掌握骨板在胫腓骨骨折中的临床应用技术。
3. 掌握骨板在肱骨骨折中的临床应用技术。
4. 掌握骨板在桡尺骨骨折中的临床应用技术。

> **任务实施** >>

一、骨板在股骨骨折中的临床应用

（一）股骨骨折概述

1. 股骨骨折的类型　股骨骨折为临床常见骨折，多数由于外伤导致。股骨骨折常见于股骨颈、大转子、股骨干和股骨远端骨折（图 2-1-1）。

2. 摄影及测量方法　股骨临床常采用内外侧位和前后位正位摄影方法（图 2-1-2），摄影时需要在股骨目标部位等高的位置放置同比放大装置，摄影时尽量让股骨和摄影床平行。

股骨干张力面在外侧，骨板常规放置在股骨干外侧，股骨远心端骨折时也可以在外侧和内侧同时放置骨板。侧位片测量股骨中段骨干直径并根据测量结果的 80% 选择骨板的宽度，测量股骨中段骨干髓腔直径并根据测量结果的 60%～70% 选择髓内针的直径。正位片中选择股骨近心端、中段、远心端分点测量作为选择螺钉长度的依据（图 2-1-3）。

图 2-1-1　股骨常见骨折部位

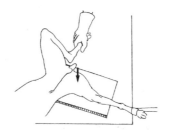

图 2-1-2　股骨侧位（左）和正位（右）摄影方法示意

图 2-1-3　股骨正（左）侧（右）位测量示意

3. 麻醉、保定及常用通路

（1）麻醉及保定。全身麻醉，侧卧保定，患肢在上呈游离状态，将其他前后肢分别固定。在臀部、股部至膝部大范围剃毛，常规消毒 3 次后铺设创巾隔离。

（2）手术通路。切口位于股骨前外侧，起始于大转子与髂骨之间。分离皮下脂肪和浅筋膜，于股二头肌前缘分离股阔筋膜。寻找股四头肌与股二头肌肌沟，并沿其肌沟前后分离股四头肌和股二头肌，显露股骨干（图 2-1-4）。近心端骨折可以沿大转子继续向上分离暴露大转子。远心端骨折可沿股二头肌和股四头肌向膝关节延长并切开关节囊，完全暴露股骨远心端和膝关节。固定完毕后用生理盐水冲洗创腔，确保没有出血、血凝块和骨碎片后，将股二头肌前缘阔筋膜与股外侧直肌的后缘阔筋膜缝合，然后再缝合皮下结缔组织，最后缝合皮肤。

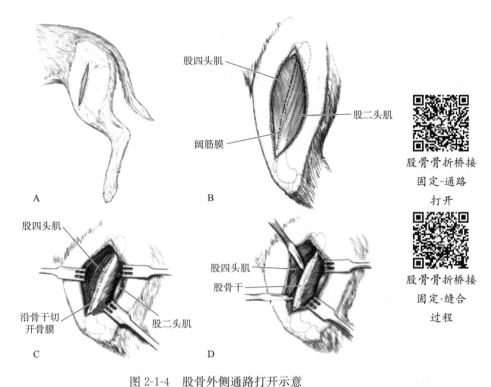

图 2-1-4 股骨外侧通路打开示意
A. 沿股骨干切开 B. 显露阔筋膜 C. 分离股二头肌和股四头肌 D. 显露股骨

4. 术后护理　手术后用药基本原则：抗菌消炎、止血镇痛等对症治疗。选择高纤维素、高蛋白质、高能量的食物，只要有利于犬骨骼愈合的食物均可。犬、猫术后活动难以控制，因此在术后 3 d 内要适当限制活动，避免过度使用患肢，但也不能完全通过外固定禁止活动，这样会导致肌肉萎缩。除此以外，犬还喜欢舔咬伤口，因此在术后必须给犬戴上伊丽莎白圈，直到拆线为止，以防感染。术后 1～2 周观察伤口愈合情况，愈合良好的及时拆线并做术后 X 线检查。术后 4 周左右再次复查并进行 X 线检查，如果没有异常，在术后 4～6 个月再次复查并进行 X 线摄影，直到骨骼愈合后方可拆除植入物。

股骨颈骨折的手术伤口因位置特殊，所以必须要保定好犬的患肢，避免固定不好而发生二次错位，影响愈合效果。同时股骨颈骨折手术出血量大，且伤口处于活动关节处易出血，因此用药时一定要加入止血药物。股骨颈部位的骨折术后需要悬吊控制患肢负重，幼龄动物股骨远心端的骨折或者股四头肌损伤病例术后 3 d 也需要悬吊并屈曲膝关节以防股四头肌痉挛（图 2-1-5）。

图 2-1-5　股骨术后悬吊包扎方法示意

(二) 股骨骨折骨板内固定手术方案

1. 横骨折和短斜骨折　股骨骨干横骨折和短的斜骨折用具备加压功能的骨板做加压固定（图2-1-6），愈合类型为一期愈合。临床常用的具备加压功能的骨板有：DCP、LC-DCP、ALPS和LCP。可以采用单向或者双向加压技术。DCP和LC-DCP不具备锁定功能，使用时骨板必须精准塑形完全贴合骨面，尤其是靠近近心端和远心端时塑形难度较大。靠近远心端的骨折还需要侧弯，这时就需要选择专用的高尔夫骨板或者可以纵向折弯的ALPS和SOP骨板等。ALPS和LCP骨板同时具备皮质钉和锁定钉的功能，加压操作完成后其他位置螺钉可以选择锁定螺钉进行固定。这种操作可以发挥锁定作用，骨板和骨表面不需要贴合也能稳定，同时不影响骨膜的血液供应甚至可以实现部分区域骨板和骨皮质不接触，降低了骨板塑形的要求。股骨颈的骨折需要拉力螺钉进行复位和固定，详情参照前文拉力螺钉技术应用内容。如果是陈旧性股骨颈骨折或者固定失败后也可切除股骨颈。

2. 斜骨折、蝶形骨折和螺旋骨折　股骨骨干较长的斜骨折、蝶形骨折和螺旋骨折均可采用拉力螺钉加保护骨板（图2-1-7）的方式固定。该方法骨折端的加压是由拉力螺钉产生，不管用何种类型骨板都是起到保护作用，如果使用非锁定的骨板，要求精准塑形完美贴合骨表面，而使用锁定骨板和锁定螺钉进行固定时，骨板和骨表面可以有一定空隙。拉力螺钉加保护骨板固定后骨骼愈合的方式也是一期愈合。

模型演示：股骨中段横骨折-LC-DCP双向加压固定　　模型演示：股骨中段短斜骨折-LC-DCP加压固定　　模型演示：股骨中段蝶形骨折-拉力螺钉、中和骨板固定　　模型演示：股骨中段蝶形骨折-拉力螺钉加中和骨板（LC-DCP）固定　　模型演示：股骨中段斜骨折-拉力螺钉加中和骨板（LCP）固定

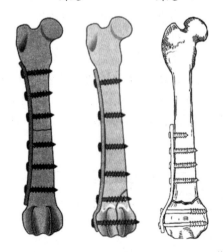

图2-1-6　股骨横骨折加压固定示意

图2-1-7　股骨蝶形骨折内固定示意

3. 粉碎性骨折　股骨骨干中部有多块碎片的粉碎性骨折可以通过骨板固定或者与髓内针联合应用（图2-1-8）的方式固定，从而增强固定物的抗弯曲能力，提高股骨骨干粉碎性

骨折的固定效果。此种固定方法骨折愈合的类型为有骨痂生成的二期愈合。为了减少对骨折区域的影响，临床还可以采用微创的方式进行固定（图2-1-9），或者采用打开不触碰的方法进行固定。微创固定时建议使用锁定骨板和锁定螺钉进行桥接固定。锁定骨板和螺钉不需要精准的塑形，也不需要剥离骨膜即可固定，复位时只要保持对线旋转和长度即可。此种方法对骨折区域影响小，不破坏周围组织血液供应，愈合快，骨痂多，愈合稳定性好，是目前临床粉碎性骨折首选的固定方式。

股骨骨折桥接固定-固定过程

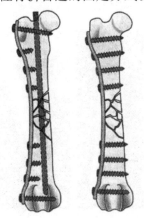

图2-1-8　股骨粉碎性骨折内固定示意

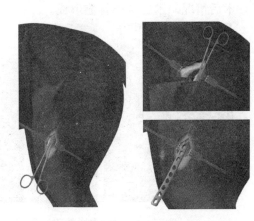

图2-1-9　股骨微创骨板植入示意

4. 生长板骨折　股骨生长部的骨折通常发生在股骨近心端和远心端的软骨生长板上，临床常见股骨远心端的生长部骨折。远心端生长板骨折常使用弹性髓内针（克氏针）进行固定（详见针的临床应用），也可以外侧面和内侧面都用接骨板进行整复固定。

（三）临床病例讨论

1. 股骨中段横骨折（图2-1-10）

（1）病例情况。7月龄贵宾犬，雄性，已绝育。

（2）固定材料和方式。DCP骨板加压固定，一期愈合。

（3）术后情况。术后70 d拆除骨板。

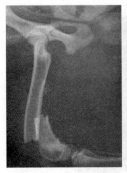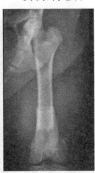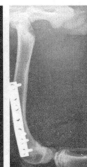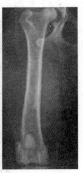

图2-1-10　股骨中段横骨折采用DCP骨板加压固定各时期X线影像

（4）病例讨论。

①该病例为青年犬股骨中远心端简单横骨折，符合一期愈合基本条件。

②本病例采用具备加压功能的DCP骨板，骨折解剖复位后再通过骨板的加压功能进行

加压，并通过骨板进行坚强固定，实现了一期愈合所需基本条件。DCP 骨板无法纵向折弯，在远心端应用时和骨形态贴合不好。

③动物年龄小的术后骨折愈合时间短，加压固定的一期愈合为骨折端直接愈合，没有骨痂形成。

2. 股骨中段粉碎性骨折病例 1（图 2-1-11）

（1）病例情况。成年猫，外伤导致股骨粉碎性骨折。

（2）固定材料和方式。锁定骨板桥接固定，二期愈合。

（3）术后情况。术后 8 周骨痂形成。

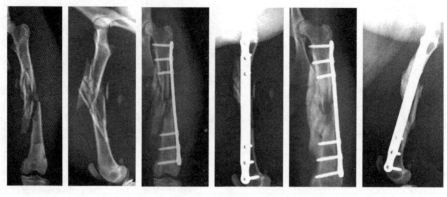

图 2-1-11 股骨中段粉碎性骨折用骨板桥接固定各时期 X 线影像

（4）病例讨论。

①该病例为成年的猫股骨中段粉碎性骨折，只能考虑二期愈合方式。

②本病例采用具备锁定功能功能的桥接骨板，骨板只对两端进行固定，中间粉碎区域尽量减少接触，整个复位只保证对线和长短正常。

③中间粉碎的区域形成大量骨痂，后期通过骨骼的重塑完成最终修复。

3. 股骨中段粉碎性骨折病例 2（图 2-1-12）

（1）病例情况。犬，2 岁，因外伤导致股骨中段粉碎性骨折。

（2）固定材料和方式。髓内针加桥接骨板。

（3）术后 5 周骨痂逐渐形成。

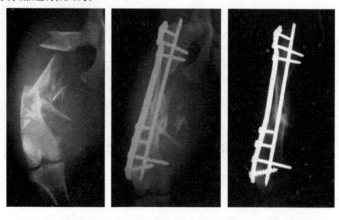

图 2-1-12 股骨中段粉碎性骨折采用骨板加髓内针固定

(4)病例讨论。

①该病例为成年的犬股骨中段粉碎性骨折,只能考虑二期愈合方式。

②本病例采用DCP骨板做桥接,为了增加稳定性中间加了髓内针。骨板只对两端进行固定,中间粉碎区域尽量减少接触,整个复位只保证对线和长短正常。

③中间粉碎的区域形成骨痂,后期通过骨骼的重塑完成最终修复。

4. 股骨远心端生长板骨折（图 2-1-13）

(1)病例情况。猫,7月龄,外伤导致股骨远心端生长板骨折。

(2)固定材料和方式。弹性髓内针固定。通路打开、弹性针植入固定及缝合过程同本书前所述。

股骨远端生长
板骨折-弹性
针固定术-
通路打开

股骨远端生长
板骨折-弹性
针固定术-弹性
针植入过程

股骨远端生长
板骨折-弹性
针固定术-
缝合过程

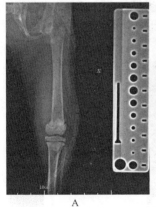
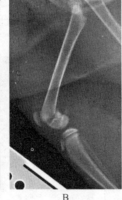
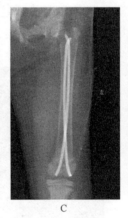
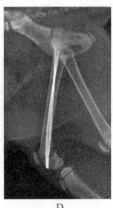

A   B   C   D

图 2-1-13 股骨远心端弹性髓内针固定 X 线影像
A. 术前正位 B. 术前侧位 C. 术后正位 D. 术后侧位

(3)病例讨论。

①该病例为幼龄猫股骨远端生长板骨折。

②本病例采用弹性髓内针技术进行固定。

③植入物仅为两个克氏针,克氏针直径选择为髓腔直径的1/3。

二、骨板在胫腓骨骨折中的临床应用

(一)胫骨骨折概述

1. 胫骨骨折类型 胫骨骨折为临床常见骨折,多数由于外伤导致,常见胫骨各段各种类型的骨折。

2. 摄影及测量方法 胫骨临床常采用内外侧位和后前位正位摄影方法,摄影时需要在胫骨目标部位等高的位置放置同比放大装置,摄影时尽量让胫骨和摄影床平行。侧位投照时使患病宠物侧卧，患肢在下，固定前肢和头。在跗骨下加海绵垫抬高，避免患肢倾斜。通过外展和侧拉，将对侧肢从 X 线束投照范围中移除。X 线中心束对准胫骨体中部。后前位投照时摆位同股骨，俯卧，将患肢后拉伸直，X 线中心束要对准胫骨体中部。临床如果拍摄胫骨的同时需要对膝关节胫骨平台进行测量，摄影的中心点需要对准膝关节，投射范围包括整个胫骨和跗关节（图 2-1-14）。

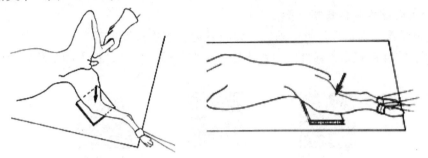

图 2-1-14　胫骨侧位（左）和正位（右）摄影方法示意

胫骨骨干张力面在内侧，骨板常规放置在胫骨干内侧，胫骨远心端骨折时也可以在外侧和内侧同时放置骨板或者跨跗关节固定。侧位片测量胫骨中段骨干直径并根据测量结果的 80% 选择骨板的宽度，测量胫骨中段骨干髓腔直径并根据测量测量结果的 60%～70% 选择髓内针的直径。正位片中选择胫骨近心端、中段、远心端分点测量作为选择螺钉长度的依据（图 2-1-15）。

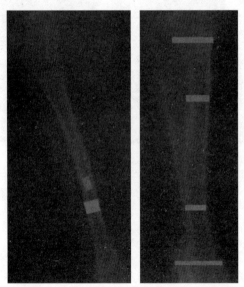

图 2-1-15　胫骨骨正（右）侧（左）位测量示意

3. 麻醉、保定及常用通路

（1）麻醉及保定。全身麻醉，侧卧保定，患肢在下呈游离状态，对侧肢前拉固定或者朝向对侧固定。在股部至跗关节以下大范围剃毛，常规消毒三遍后铺设创巾隔离。

（2）手术通路。切口位于胫骨内侧，起始于膝关节与跗关节之间。切开皮肤至跗关节远心端，分离皮下组织，切开胫骨筋膜即可暴露胫骨。胫骨中段的位置有隐静脉分支，分离时应避开，尽量不要切断（图 2-1-16）。固定完毕后用生理盐水冲洗创腔，确保没有出血、血凝块和骨碎片后，先做筋膜缝合，然后再缝合皮下结缔组织，最后缝合皮肤。

4. 术后护理 术后护理基本原则和股骨骨折类似。胫骨远心端骨折如果采用了跨跗关节固定，术后护理时需要尽量减少该肢负重，康复锻炼可进行非负重拉伸锻炼。

（二）胫骨骨折骨板内固定手术方案

1. 横骨折和短斜骨折 胫骨骨干横骨折和短的斜骨折用具备加压功能的骨板做加压固定（图 2-1-17），愈合类型为一期愈合。临床常用的具备加压功能的骨板有：DCP、LC-DCP、ALPS 和 LCP。可以采用单向或者双向加压技术。DCP 和 LC-DCP 不具备锁定功能，使用时骨板必须精准塑形完全贴合骨面。ALPS 和 LCP 骨板同时具备皮质钉和锁定钉的功能，加压操作完成后其他位置螺钉可以选择锁定螺钉进行固定。这种操作可以发挥锁定作用，骨板和骨表面不需要贴合也能稳定，同时不影响骨膜的血液供应甚至可以实现部分区域骨板和骨皮质不接触，降低了骨板塑形的要求。胫骨近心端或者远心端靠近关节处骨折可以使用内外两侧克氏针进行固定，远心端还可以跨关节固定。

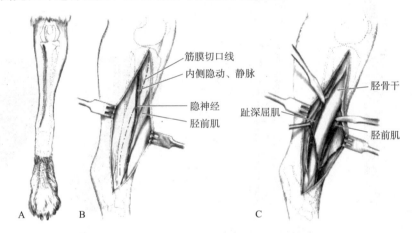

图 2-1-16 胫骨内侧通路打开示意
A. 沿胫骨干内侧切开 B. 沿筋膜线切开 C. 暴露胫骨干

图 2-1-17 胫骨横骨折内固定示意

2. 斜骨折、蝶形骨折和螺旋骨折 胫骨骨干较长的斜骨折、蝶形骨折和螺旋骨折均采用拉力螺钉加保护骨板（图 2-1-18）的方式固定。该方法骨折端的加压是由拉力螺钉产生，不管使用何种类型骨板都是起到保护作用，如果使用非锁定的骨板，要求精准塑形、完美贴合骨表面，而使用锁定骨板和锁定螺钉进行固定时，骨板和骨表面可以有一定空隙。拉力螺钉加保护骨板固定后，骨骼愈合的方式也是一期愈合。

图 2-1-18 胫骨蝶形骨折内固定示意

胫骨骨折-
微创桥接-
通路打开

胫骨骨折-
微创桥接-
固定过程

胫骨骨折-
微创桥接-
缝合过程

3. 粉碎性骨折 胫骨骨干中部有多块碎片的粉碎性骨折可以通过骨板固定或者与髓内针联合应用的方式固定（图 2-1-19），从而增强固定物的抗弯曲能力，提高胫骨骨干粉碎性骨折的固定效果。应用髓内针时只能从胫骨平台内侧顺向进针。此种固定方法骨折愈合的类型为有骨痂生成的二期愈合。为了减少对骨折区域的影响临床还可以采用微创的方式进行固定（图 2-1-20），或者采用打开不触碰的方法进行固定。微创固定时建议使用锁定骨板和锁定螺钉进行桥接固定。锁定骨板和螺钉不需要精准的塑形，也不需要剥离骨膜即可固定，复位时只要保持对线旋转和长度即可。此种方法对骨折区域影响小，不破坏周围组织血液供应，愈合快、骨痂多、愈合稳定性好，是目前临床胫骨中段粉碎性骨折首选的固定方式。

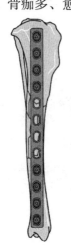
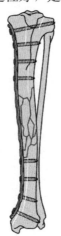

图 2-1-19 胫骨中段粉碎性骨折内固定示意　　图 2-1-20 胫骨微创内固定示意

4. 生长板骨折 胫骨生长部的骨折通常发生在胫骨近心端和远心端的软骨生长板上。近心端生长板骨折常使用克氏针进行固定（图 2-1-21），远心端常用跨关节固定或外侧面和内侧面都用接骨板进行整复固定。

（三）临床病例讨论

1. 胫骨中段横骨折（图 2-1-22）

（1）病例情况。混血犬，3 岁。

（2）固定材料和方式。DCP 骨板加压固定。

（3）术后 45 d 骨折端直接愈合。

（4）病例讨论。

①该病例为成年犬胫骨中远端简单横骨折，符合一期愈合基本条件。

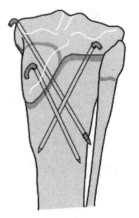

图 2-1-21 胫骨近端生长板骨折固定示意

②本病例采用具备加压功能的 DCP 骨板，骨折解剖复位后再通过骨板的加压功能进行加压，并通过骨板进行坚强固定，实现了一期愈合所需基本条件。

③加压固定的一期愈合为骨折端直接愈合，没有骨痂形成。

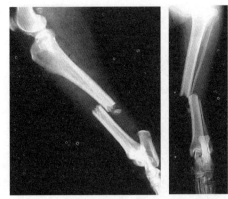
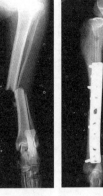
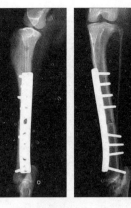

图 2-1-22　胫骨横骨折 DCP 加压固定手术各阶段影像

2. 胫骨中段短斜骨折（图 2-1-23）

（1）病例情况。混血犬，9 月龄。

（2）固定材料和方式。拉力螺钉加中和骨板（DCP 骨板）加压固定。

（3）术后 100 d 拆除植入物。

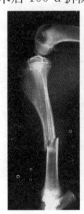
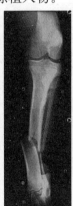

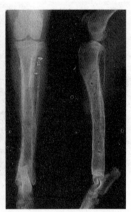

图 2-1-23　胫骨中段短斜骨折拉力螺钉加中和骨板固定各时期 X 线影像

（4）病例讨论。

①该病例为幼龄犬胫骨中段短斜骨折，符合一期愈合基本条件。

②本病例采用拉力螺钉进行断端加压，骨板作为中和骨板起到保护作用，实现了一期愈合所需基本条件。

③幼龄动物愈合快，加压固定的一期愈合为骨折端直接愈合，没有骨痂形成。

3. 胫骨中段螺旋骨折（图 2-1-24）

（1）病例情况。贵宾犬，5 月龄。

（2）固定材料和方式。两枚拉力螺钉加中和骨板（ALPS 骨板）加压固定。

（3）病例讨论。

①该病例为幼龄犬胫骨中段螺旋骨折，符合一期愈合基本条件。

②本病例采用两枚拉力螺钉进行断端加压，ALPS 骨板作为中和骨板起到保护作用，实现了一期愈合所需基本条件。最近端和最远端用皮质骨螺钉固定骨板，中间的两枚螺钉选择锁定螺钉进行固定。

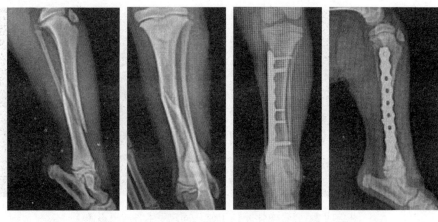

图 2-1-24 胫骨中段螺旋骨折内固定手术前后影像

4. 胫骨中段粉碎性骨折（图 2-1-25）

（1）病例情况。成年金毛寻回猎犬因外伤导致胫骨中段粉碎性骨折。

（2）固定材料和方式。LCP 骨板微创桥接固定，二期愈合。

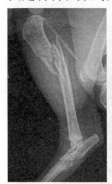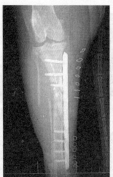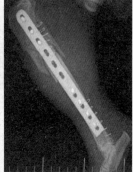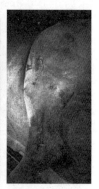

图 2-1-25 胫骨中段粉碎性骨折 LCP 微创固定

（3）病例讨论。

①该病例为成年犬胫骨中段粉碎性骨折，只能考虑二期愈合方式。

②本病例采用 LCP 骨板桥接，只打开近心端和远心端，骨板从软组织层下穿过骨折区域，骨板只对两端进行固定，整个复位只保证对线和长短正常。

三、骨板在肱骨骨折中的临床应用

（一）肱骨骨折概述

1. 肱骨骨折类型　肱骨骨折为临床四肢骨中相对较少的骨折，多数由于外伤导致。肱骨骨折常见于近心端生长板骨折、肱骨干和肱骨远心端内外髁骨折。

2. 摄影及测量方法　肱骨临床常采用内外侧位和前后位正位摄影方法，摄影时需要在肱骨目标部位等高的位置放置同比放大装置，摄影时尽量让肱骨和摄影床平行，但是在正位摄影时比较难做到。

肱骨侧位片摄影方法为侧卧，患肢在下（图 2-1-26）。将患肢前拉，对侧肢屈曲后拉远离 X 线中心束，头颈向背侧屈曲，后肢固定。X 线中心束对准肱骨骨体中部。该体位易于评价肱骨和肘关节，但对肩关节的穿透力往往不足。

肱骨正位片摄影方法为俯卧或者仰卧，将患肢尽可能前拉，对侧肢自然位置，头歪向健肢侧或后仰，远离原射线。该摆位下，肱骨和片盒很难完全平行，为减少失真，X线中心束可向肱骨近端背侧倾斜10°～20°角，对准肱骨骨体中部。

肱骨干张力面在外侧，但是肱骨形态比股骨和胫骨都更加不规则。近心端骨折时，骨板常放置在肱骨大结节头侧；中段骨折时骨板常规放置在肱骨干外侧或者内侧；肱骨远端骨折时也可以在外侧和内侧同时放置骨板。侧位片测量肱骨中远端骨干直径并根据测量结果的80%选择骨板的宽度，根据骨干中远端髓腔直径的60%～70%选择髓内针的直径。正位片中选择肱骨近心端、中段、远心端分点测量作为选择螺钉长度的依据（图2-1-27）。

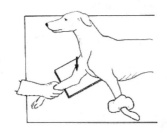

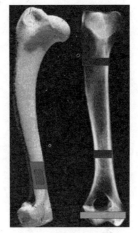

图2-1-26　肱骨正（左）位和侧位（右）摄影摆位示意　　图2-1-27　肱骨测量方法示意

3. 麻醉、保定及常用通路

（1）麻醉及保定。外侧通路时全身麻醉，侧卧保定，患肢在上呈游离状态，将其他前后肢分别固定。内侧通路时侧卧保定，患肢在下呈游离状态，对侧肢平放于胸腔处。内外通路都打开时采用仰卧保定，患肢悬吊，其他肢固定即可。在肱骨上下大范围剃毛，常规消毒三遍后铺设创巾隔离。

（2）手术通路。

①外侧切口通路。在肱骨前外侧从前方肱骨大结节到外侧髁纵行切开皮肤。分别向前、向后反转臂头肌和臂肌，显露肱骨（图2-1-28）。在肱骨下1/3处有桡神经经臂三头肌外侧头和臂肌间斜向下绕过，分离时不要损伤该神经。

肱骨骨折-内固定术-外侧切口通路　　肱骨中段骨折-内固定术-内侧通路打开过程　　肱骨中段骨折-内固定术-内侧通路缝合过程

②内侧切口通路。在臂内侧，自臂中部向其远端纵行切开皮肤，分离皮下组织，向前、向后反转臂二头肌和臂三头肌，暴露肱骨（图2-1-29）。在此部位有臂血管及其分支，正中神经、尺神经和肌皮神经经过，分离时应注意。

远端内外髁骨折时可以单独打开内外侧或者同时打开内外侧手术通路。内外髁通路打开时从内外髁顶点沿着内外髁的嵴向上分离即可暴露内外髁（图2-1-30）。

固定完毕后用生理盐水冲洗创腔，确保没有出血、血凝块和骨碎片后，缝合肌肉间的筋膜，注意要避开神经和血管，然后再缝合皮下结缔组织，最后缝合皮肤。

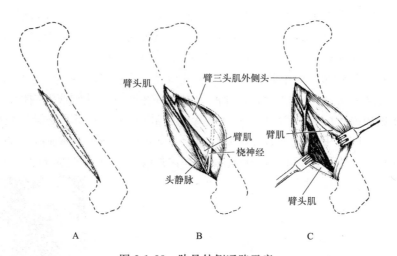

图 2-1-28　肱骨外侧通路示意
A. 沿肱骨干切开皮肤　B. 沿臂三头肌和臂头肌之间分开，显露臂肌、桡神经、头静脉
C. 向前牵拉臂肌和桡神经显露肱骨干

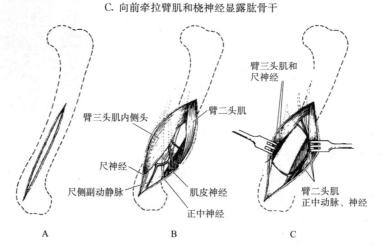

图 2-1-29　肱骨内侧通路示意
A. 沿肱骨干切开皮肤　B. 分离臂三头肌和臂二头肌，显露神经、血管
C. 沿臂三头肌尺神经和臂二头肌正中动脉、神经显露肱骨干

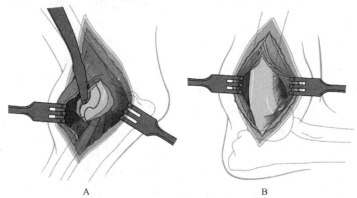

图 2-1-30　肱骨远心端内外髁手术通路示意
A. 外侧髁手术通路示意　B. 内侧髁手术通路示意

4. 术后护理 术后护理基本原则和股骨、胫骨骨折类似。

(二) 肱骨骨折骨板内固定手术方案

1. 横骨折和短斜骨折 肱骨骨干横骨折和短的斜骨折用具备加压功能的骨板做加压固定，愈合类型为一期愈合。临床常用的具备加压功能的骨板有：DCP、LC-DCP、ALPS 和 LCP。可以采用单向或者双向加压技术。DCP 和 LC-DCP 不具备锁定功能，使用时骨板必须精准塑形完全贴合骨面，在肱骨外侧面固定时难度很大。ALPS 和 LCP 骨板同时具备使用皮质钉和锁定钉的功能，加压操作完成后其他位置螺钉可以选择锁定螺钉进行固定。这种操作可以发挥锁定作用，骨板和骨表面不需要贴合也能稳定，同时不影响骨膜的血液供应，甚至可以实现部分区域骨板和骨皮质不接触，降低了骨板塑形的要求。肱骨近心端骨折时，为了方便固定同时解决塑形难的问题，骨板一般会选择放置在头侧（图 2-1-31）。如果是中远心端骨折可以选择外侧或者内侧通路，相应骨板放置在外侧或者内侧。

2. 斜骨折、蝶形骨折和螺旋骨折 肱骨骨干较长的斜骨折、蝶形骨折和螺旋骨折均采用拉力螺钉加保护骨板的方式固定。该方法骨折端的加压是由拉力螺钉产生，不管用何种类型骨板都是起到保护作用。如果使用非锁定的骨板，要求精准塑形、完美贴合骨表面；而使用锁定骨板和锁定螺钉进行固定时，骨板和骨表面可以有一定空隙。拉力螺钉加保护骨板固定后骨骼愈合的方式也是一期愈合。临床手术时可以选择外侧或者内侧切口，骨板放置在相应的外侧或者内侧骨面（图 2-1-32）。

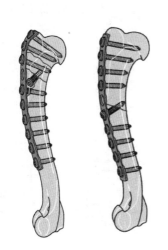
图 2-1-31 肱骨近心端头侧骨板放置示意

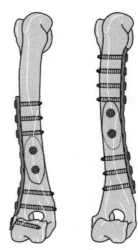
图 2-1-32 肱骨中段蝶形骨折内（右）外（左）侧骨板放置示意

3. 粉碎性骨折 肱骨骨干中部有多块碎片的粉碎性骨折可以通过骨板固定或者与髓内针联合应用的方式固定（图 2-1-33），从而增强固定物的抗弯曲能力，提高肱骨骨干粉碎性骨折的固定效果。此种固定方法骨折愈合的类型为有骨痂生成的二期愈合。为了减少对骨折区域的影响临床还可以采用微创的方式进行固定（图 2-1-34），或者采用打开不触碰的方法进行固定。微创固定时建议使用锁定骨板和锁定螺钉进行桥接固定。锁定骨板和螺钉不需要精准的塑形，也不需要剥离骨膜即可固定，复位时只要保持对线旋转和长度即可。此种方法对骨折区域影响小，不破坏周围组织血液供应，愈合快，骨痂多，愈合稳定性好。

肱骨中段骨折-内固定术-固定过程

4. 远心端骨折 肱骨远心端骨折临床常见为外侧髁骨折和内外髁 Y 形骨折。单独的外侧髁骨折时临床常采用拉力螺钉和克氏针进行固定（图 2-1-35）。内外髁 Y 形骨折时常采用内外双侧骨板进行固定或者用拉力螺钉加单侧骨板固定（图 2-1-36）。

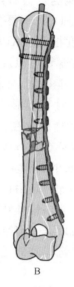

图 2-1-33 肱骨中段粉碎性骨折内固定示意
A. 骨板桥接 B. 骨板加髓内针桥接

图 2-1-34 肱骨中段骨折微创桥接骨板手术示意

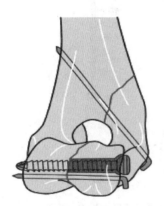

图 2-1-35 肱骨远心端外侧髁骨折
　　　　 固定示意

图 2-1-36 肱骨远心端骨折固定方法示意
A. 通过骨板植入拉力螺钉进行固定
B. 先通过拉力螺钉复位固定再植入骨板
C. 单独拉力螺钉加骨板和髓内针进行固定

5. 生长板骨折 肱骨生长部的骨折通常发生在肱骨近心端。临床常用拉力螺钉、克氏针、张力带钢丝等方法进行固定（图 2-1-37）。

（三）临床病例讨论

肱骨中段粉碎性骨折（图 2-1-38）。

（1）病例情况。混血犬，6 岁，外伤导致肱骨中段粉碎性骨折。

（2）固定材料和方式。骨板桥接固定加髓内针，二期愈合。

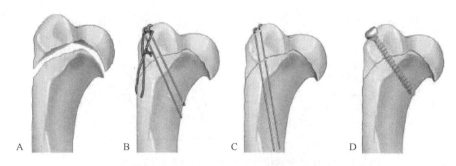

图 2-1-37　肱骨近心端生长板骨折各种固定方法示意
A. 肱骨近心端生长板骨折示意　B. 克氏针加张力带钢丝固定示意
C. 两个克氏针固定示意　D. 拉力螺钉固定示意

（3）术后情况。术后 12 周骨痂形成。

（4）病例讨论。

①该病例为成年犬肱骨中段外伤粉碎性骨折，只能考虑二期愈合方式。

②本病例采用桥接骨板加髓内针固定，骨板只对两端进行固定，中间粉碎区域尽量减少接触，整个复位只保证对线和长短正常。

③中间粉碎的区域形成大量骨痂，后期通过骨骼的重塑完成最终修复。

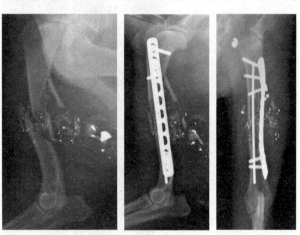

图 2-1-38　肱骨中段粉碎性骨折内固定影像

四、骨板在桡尺骨骨折中的临床应用

（一）桡尺骨骨折概述

1. 桡尺骨骨折类型　桡尺骨骨折为临床常见骨折，多数由于外伤导致，常见桡尺骨各段各种类型的骨折，临床以小型犬、猫的远心端骨折最为常见。

2. 摄影及测量方法　桡尺骨临床常采用内外侧位和前后位正位摄影方法，摄影时需要在桡尺骨目标部位等高的位置放置同比放大装置，摄影时尽量让桡尺骨和摄影床平行。侧位摄影时动物侧卧，患肢在下，尽可能拉直。轻微屈曲腕关节，避免患肢后旋。将对侧肢后拉，头颈轻微向背侧屈曲。X 线中心束对准桡骨和尺骨骨体的中部。正位摄影时身体俯卧，患肢尽可能前拉，对侧肢自然位置，头歪向健肢侧或后仰，远离原射线。X 线中心束对准桡骨和尺骨骨体的中部。也可用水平 X 线投照的前后位和后前位（图 2-1-39）。

图 2-1-39　桡尺骨侧位（左）和正位（右）摄影方法示意

桡骨骨干张力面在头侧，骨板常规放置在桡骨头侧。桡尺骨骨折多数发生在相同的位置。近心端骨折时，桡骨骨板在背侧、尺骨在外侧，中远端骨折时小型犬、猫只用髓内针固定桡骨或者尺骨。正位片测量桡骨骨干最细部位，并根据骨干直径测量结果的 80% 选择骨板的宽度，测量桡骨髓质内径作为选择螺钉直径的最大界限。远心端骨折时测量远心端断端长度、宽度用于 T 形板选择。桡骨近心端、中段、远心端骨干直径作为螺钉长度选择的依据，尺骨近心端、中段骨干直径作为尺骨骨板宽度选择依据，髓腔内径为选择螺钉直径的依据（图 2-1-40）。

桡尺骨骨折桥接固定-通路打开

桡尺骨骨折桥接固定-缝合过程

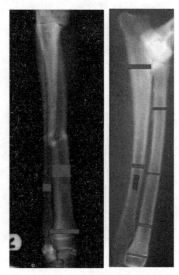

图 2-1-40　桡尺骨侧位和正位测量方法示意

3. 麻醉、保定及常用通路

（1）麻醉及保定。全身麻醉，侧卧保定，患肢在上呈游离状态，其余三肢适当固定。在肩关节以下大范围剃毛，常规消毒三遍后铺设创巾隔离。

（2）手术通路。常规的桡尺骨骨折手术通路在桡骨前外侧，以桡骨外侧缘为定位从肘关节到腕关节，本通路同时可以接近尺骨，便于同时做尺骨内固定。特别小型的犬、猫也可以采用桡骨内侧切口，以桡骨内侧缘为定位，本通路适用于特别小型的犬、猫桡尺骨中段骨折，固定后软组织更加容易覆盖骨板。肘突骨折时采用肘突后侧正中切口暴露骨折端。固定完毕后用生理盐水冲洗创腔，确保没有出血、血凝块和骨碎片后，先做筋膜缝合，然后再缝合皮下结缔组织，最后缝合皮肤。

4. 术后护理 术后护理基本原则和胫骨骨折类似。如果内固定强度受限可以适当使用外固定进行辅助，桡尺骨是四肢骨中比较容易进行外固定的。

（二）桡尺骨骨折骨板内固定手术方案

1. 横骨折和短斜骨折 桡尺骨骨干横骨折和短的斜骨折用具备加压功能的骨板做加压固定（图2-1-41），愈合类型为一期愈合。临床常用的具备加压功能的骨板有：DCP、LC-DCP、ALPS和LCP。可以采用单向或者双向加压技术。DCP和LC-DCP不具备锁定功能，使用时骨板必须精准塑形、完全贴合骨面。ALPS和LCP骨板同时具备使用皮质钉和锁定钉的功能，加压操作完成后其他位置螺钉可以选择锁定螺钉进行固定，这种操作可以发挥锁定作用，骨板和骨表面不需要贴合也能稳定，同时不影响骨膜的血液供应，甚至可以实现部分区域骨板和骨皮质不接触，降低了骨板塑形的要求。胫骨近心端或者远心端靠近关节处骨折可以在内外两侧使用克氏针进行固定，远心端还可以跨关节固定。

图2-1-41 桡骨横骨折加压固定示意

2. 斜骨折、蝶形骨折和螺旋骨折 大型犬桡骨干较长的斜骨折（图2-1-42）和蝶形骨折（图2-1-43），也可采用拉力螺钉加保护骨板的方式固定，尺骨可以同时使用骨板或者髓内针固定。该方法骨折端的加压是由拉力螺钉产生，不管用何种类型骨板都是起到保护作用。如果使用非锁定的骨板，要求精准塑形、完美贴合骨表面，而使用锁定骨板和锁定螺钉进行固定时，骨板和骨表面可以有一定空隙。拉力螺钉加保护骨板固定后骨骼愈合的方式也是一期愈合。

图2-1-42 桡骨斜骨折内固定示意

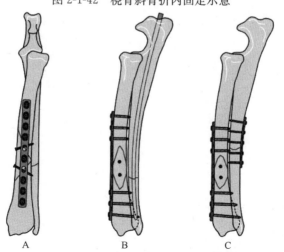

图2-1-43 桡骨蝶形骨折内固定示意
A. 拉力螺钉加中和骨板固定　B. 尺骨加上髓内针配合桡骨固定
C. 尺骨用加压骨板配合桡骨固定

桡尺骨骨折桥接固定-固定过程

3. 粉碎性骨折 桡骨骨干中部有多块碎片的粉碎性骨折可以通过桥接固定（图 2-1-44），尺骨可以不做固定，此种固定方法骨折愈合的类型为有骨痂生成的二期愈合。为了减少对骨折区域的影响，临床也可以采用微创的方式进行固定，或者采用打开不触碰的方法进行固定。微创固定时建议使用锁定骨板和锁定螺钉进行桥接固定。锁定骨板和螺钉不需要精准的塑形，也不需要剥离骨膜即可固定，复位时只要保持对线旋转和长度即可。此种方法对骨折区域影响小，不破坏周围组织血液供应，愈合快，骨痂多，愈合稳定性好。

4. 生长板骨折 桡尺骨生长部的骨折通常发生在桡尺骨远心端的软骨生长板上。桡骨远心端生长板骨折临床常采用 T 形骨板进行固定（图 2-1-45）。

5. 肘突骨折 肘突骨折时，小型犬、猫临床常采用针加张力带钢丝进行固定（详见张力带钢丝应用），中大型犬建议采用骨板进行固定（图 2-1-46）。

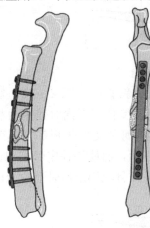

图 2-1-44 桡骨粉碎性骨折内固定示意
（左：侧位；右：正位）

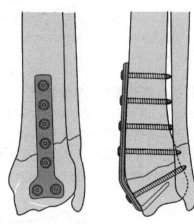

图 2-1-45 桡骨远心端 T 形骨板固定示意
（左：正位；右：侧位）

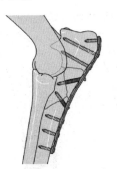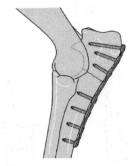

图 2-1-46 肘突骨折内固定示意

（三）临床病例讨论

1. 桡尺骨中段横骨折病例 1（图 2-1-47）

（1）病例情况。成年犬。

（2）固定材料和方式。DCP 骨板加压固定。

（3）病例讨论。

①该病例为成年犬桡尺骨中段横骨折，符合一期愈合基本条件。

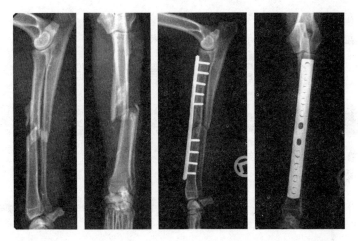

图 2-1-47　桡尺骨中段横骨折 DCP 加压固定手术前后影像

②本病例采用具备加压功能的 DCP 骨板，骨折解剖复位后再通过骨板的加压功能进行加压，并通过骨板进行坚强固定，实现了一期愈合所需基本条件。

2. 桡尺骨中段横骨折病例 2（图 2-1-48）

（1）病例情况。成年犬。

（2）固定材料和方式。尺骨髓内针、桡骨 DCP 加压固定。

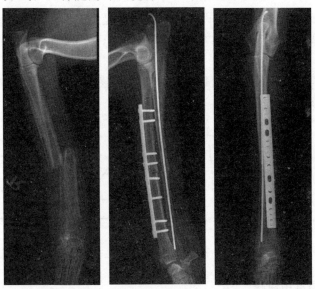

图 2-1-48　桡尺骨中段横骨折内固定影像

（3）病例讨论。

①该病例为成年犬桡尺骨中段横骨折，符合一期愈合基本条件。

②本病例采用尺骨髓内针、桡骨 DCP 加压固定，实现了一期愈合所需基本条件。

任务反思

1. 总结骨板在股骨骨折中的应用范围和手术技术。
2. 总结骨板在胫腓骨骨折中的应用范围和手术技术。

3. 总结骨板在肱骨骨折中的应用范围和手术技术。
4. 总结骨板在桡尺骨骨折中的应用范围和手术技术。

子任务2　骨板在骨盆骨折中的临床应用

子任务目标

1. 掌握骨板在骨盆骨折中的临床应用技术。
2. 掌握骨盆骨折常用手术通路。

任务实施

一、骨盆骨折概述

1. 骨盆骨折类型及特点　骨盆骨折发病率较高，多为意外撞击、跌落等导致。可分为荐髂关节脱位、髋臼骨折、髂骨干骨折、坐骨骨折和耻骨骨折。

临床主要表现为疼痛、后肢拖曳行走，臀部变形，尿潴留，肛门反射迟钝，后肢末端本体感受消失等。

相对四肢骨骨折，骨盆骨折具有以下特点：骨盆是由平而不规则的骨组成；丰富的肌肉组织提供支撑；简单植入物即可提供足够的骨折固定；一般为多发伤（2处或2处以上）；多数导致盆腔狭窄。

2. 摄影方法　骨盆骨折常用的摄影方法有侧位（图2-1-49）和正位（图2-1-50），有时也会用蛙位进行摄影。

图2-1-49　骨盆侧位摄影摆位示意

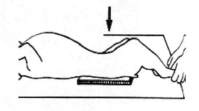

图2-1-50　骨盆正位摄影摆位示意

3. 麻醉、保定及常用通路

（1）麻醉及保定。骨盆骨折手术采用全身麻醉。髂骨体、荐髂关节脱位、髋臼窝及坐骨骨折采用侧卧保定，患侧在上。骨盆部大范围剃毛，常规消毒三遍后铺设创巾隔离。

（2）手术通路。

①髂骨背侧手术通路可以作为荐髂关节脱位、髂骨翼和髂骨体骨折的手术通路（图2-1-51）。切口起始于髂骨背侧前嵴，平行中线延伸至髋关节，切开皮下组织筋膜和脂肪，暴露背侧前后嵴。在靠近髂骨背侧前嵴的髂骨外侧缘，臀中肌的骨膜起点处做切口。暴露荐骨时还要在荐棘肌骨膜起点，髂骨内侧缘再做一个切口。幼年动物从骨膜上剥离臀中肌。老年动物从髂骨起点切开，后继续向后分离至髂背侧嵴，再分离位于髂骨内侧面的荐棘肌，分离区域应在

荐中间嵴外侧区域内，避免损伤荐背侧孔的脊神经背侧根。

②髂骨腹侧手术通路可以作为髂骨体骨折手术通路（图2-1-52）。靠近髂骨体的位置做切口，切口从前侧延伸到大转子，超过大转子1～2 cm。切口中心在髂骨翼腹侧1/3处。切开皮下组织以及臀部的脂肪组织，直到能看见臀中肌和阔筋膜张肌的长头之间的肌中隔。暴露出臀浅肌和阔筋膜张肌后端的短头之间的肌中隔。继续分离阔筋膜张肌和臀中肌前端及阔筋膜张肌和臀浅肌后端。锐性分离臀中肌和阔筋膜张肌的长头。触诊臀中肌的腹侧缘，在臀中肌的腹侧缘做一切口，分离并结扎髂腰静脉，从髂骨外侧面牵引臀深肌和臀中肌。

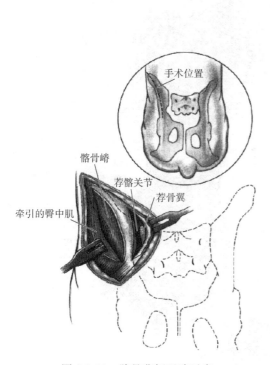

图2-1-51 髂骨背侧通路示意

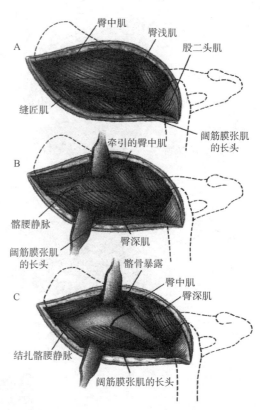

图2-1-52 髂骨腹侧通路示意
A. 纵行切开皮肤和结缔组织
B. 向背侧牵引臀中肌和臀深肌
C. 显露髂骨体

③髂骨体中间通路可以作为髂骨翼、髂骨体骨折以及荐髂关节脱位复位固定手术的手术通路。该通路是近年来临床医生通过大量实践总结出来的能够快速而便捷地进行髂骨体骨折复位的方法。切口定位为髂骨翼背侧和腹侧连线的中点到大转子，可以沿此定位一刀切开皮肤、皮下结缔组织、臀中肌和部分臀深肌直到髂骨体表面，暴露髂骨后用骨膜分离器分离骨膜，然后用大的单钩牵开器沿着切口方向进行牵拉，牵开器的牵拉力量可以轻松让错位的髂骨进行复位。然后再用另外一把单钩或者乳突牵开器从垂直方向牵开创口，即可进行内固定的操作。

髂骨体骨折内固定-臀中肌中间通路打开过程

④大转子前外侧通路常用于髋结窝骨折手术通路（图2-1-53）。以大转子前缘为中心做皮肤切口，从大转子背缘的近端延伸3～4 cm，沿股骨前缘向远端弯曲切开3～4 cm，切开股二头肌前缘的浅层阔筋膜。切开深层的阔筋膜，穿过大转子的阔筋膜张肌近端，沿着臀浅肌前缘切开。在第三转子处切开臀浅肌。向近端牵拉臀浅肌，向远端牵拉股二头肌，找到坐骨神经。用骨凿切开大转子，用骨凿在第三转子处的臀浅肌近端与股骨长轴呈45°角切开臀浅肌和臀中肌附着的转子粗隆。用骨膜剥离器从关节囊处翻转臀肌和大转子，可见庶肌和闭孔内肌的肌腱。穿过邻近的转子窝放置预置缝线。使用骨膜剥离器从髋臼的后外侧面提起庶肌。

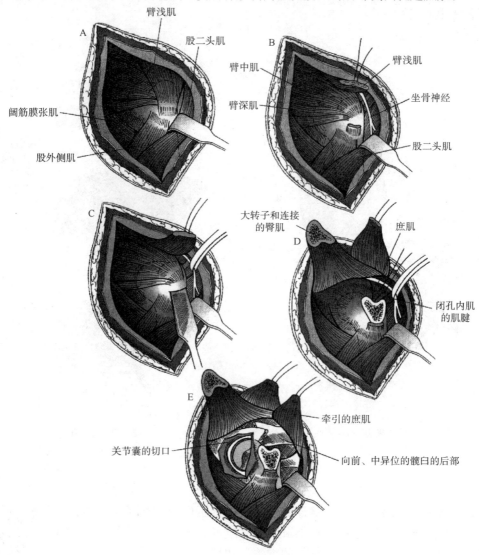

图 2-1-53　大转子前外侧通路示意
A. 牵开股二头肌，显露大转子　B. 切开臀浅肌　C. 用骨凿凿开大转子
D. 翻转大转子和臀中肌、臀深肌　E. 切开关节囊

⑤大转子坐骨通路可用于坐骨骨折复位固定。可以沿大转子到坐骨切开皮肤并分离皮下脂肪和结缔组织，然后沿着臀浅肌后缘暴露坐骨神经和坐骨结节。

所有通路固定完毕后用生理盐水冲洗创腔，确保没有出血、血凝块和骨碎片后，均只做各肌肉之间的筋膜缝合而不把大量肌肉结扎到缝合线里面,然后再缝合皮下结缔组织,最后缝合皮肤。

4. 术后护理 术后护理基本原则和四肢骨骨折类似,肥胖的动物和软组织损伤严重的动物建议做引流。

二、骨盆骨折骨板内固定手术方案

1. 髂骨体横骨折 髂骨体中段横骨折临床最常见。髂骨体骨折和四肢骨骨折的复位和固定方式差异较大,多数髂骨体骨折的同时伴随有坐骨或者耻骨联合处的骨折,复位的时候无法像四肢长骨一样用骨板和复位钳夹持复位。髂骨体横骨折建议采用上述髂骨体中间通路进行,软组织切开后用单钩牵开器沿着切口牵拉使错位的髂骨体大致复位。内固定材料建议选择带锁定功能的骨板。中小型犬、猫骨折端离髂骨翼和髋结窝距离相对小,很难有三颗以上螺钉固定的位置,为了保证稳定性建议使用锁定骨板和螺钉进行固定。

髂骨体粉碎性骨折内固定-通路打开

内固定操作: 第一步,打开创口后用牵开器大致复位髂骨;第二步,把塑形好的锁定骨板先固定在靠近髋结窝的游离端,至少打上两枚锁定螺钉;第三步,利用固定好游离端的骨板对横骨折进行复位,同时可以通过牵拉大转子帮助复位;第四步,用锁定螺钉固定髂骨翼侧的骨板(图2-1-54)。临床操作时没必要强调断端的加压,只要能复位即可。骨板的长短在术前可以通过正侧位的X线片测量数据获取,选择的骨板宽度不超过侧位片髂骨最窄的位置,保证骨折每一端至少有两颗稳定螺钉位置即可,创口的闭合和中间通路类似。

髂骨体粉碎性骨折内固定-固定过程

髂骨体粉碎性骨折内固定-缝合过程

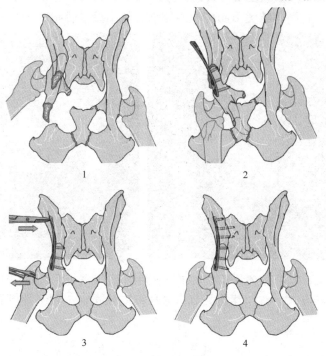

图 2-1-54 髂骨体横骨折内固定操作流程示意(1~4 为操作步骤)

2. 髂骨体斜骨折 髂骨体中段斜骨折常见于后外方的力量作用于髂骨部所致。此类骨折可以选择和横骨折内固定手术一样的手术通路。

内固定操作：第一步，用单钩牵开器沿着切口方向牵拉复位错位的髂骨，同时可以提拉大转子帮助复位；第二步，复位后用复位钳从背侧和腹侧夹持斜的髂骨断端使其复位（图 2-1-55）；第三步，用锁定骨板螺钉固定复位好的髂骨体。

髂骨体斜骨折内固定-固定过程

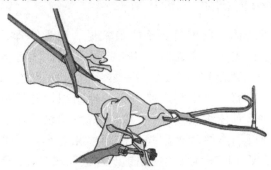

图 2-1-55 髂骨体斜骨折复位示意

3. 荐髂关节脱位 临床常见单侧脱位或者双侧脱位，多因来自后方的撞击或者跌落造成。荐髂关节脱位常用手术通路中以髂骨背侧手术通路最为直观，初学者也可以在此通路下完成复位和固定。荐髂关节脱位的固定主要依靠拉力螺钉来完成，详细情况参照本书拉力螺钉技术部分。

三、临床病例讨论

髂骨体中段横骨折病例（图 2-1-56）。

（1）病例情况。右侧荐髂关节脱位，左侧髂骨体中段横骨折、坐骨骨折。

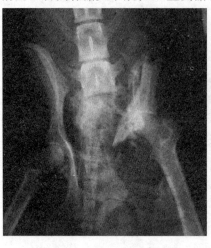
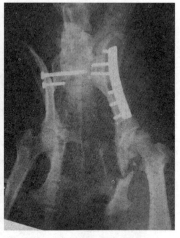

图 2-1-56 右侧荐髂关节脱位和左侧髂骨体横骨折手术正位影像

（2）固定材料和方式。右侧荐髂关节拉力螺钉复位固定，右侧骨板复位固定、骨折端每侧三颗螺钉。

（3）病例讨论。

①该病例为成年犬骨盆骨折，右侧荐髂关节脱位、左侧髂骨体和坐骨骨折。

②本病例右侧使用两枚拉力螺钉复位，前端螺钉长度超过荐骨 1/2，位置合适稳定性好；左侧采用骨板进行复位和固定，每侧三枚螺钉固定稳定，这种情况下坐骨骨折可以不需要单独进行固定。

任务反思

1. 总结髋臼骨折骨板固定手术通路及操作技术。
2. 总结髂骨体骨折骨板固定手术通路及操作技术。
3. 总结坐骨骨折骨板固定手术通路及操作技术。

子任务 3　骨板在其他部位骨折中的临床应用

子任务目标

1. 掌握下颌骨骨折骨板固定操作技术。
2. 掌握肩胛骨骨折骨板固定操作技术。
3. 掌握腕骨和跗骨骨折骨板固定操作技术。
4. 掌握掌骨和跖骨骨折骨板固定操作技术。

任务实施

一、骨板在下颌骨骨折中的临床应用技术

（一）下颌骨骨折概述

1. 下颌骨及其附件解剖结构　如图 2-1-57 所示。

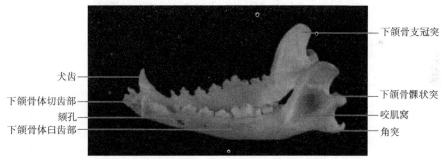

图 2-1-57　犬下颌骨解剖结构

2. 下颌骨骨折骨板固定手术适应证　各种原因导致下颌骨的横骨折、斜骨折、蝶形骨折、粉碎性骨折等。

（二）下颌骨骨折骨板固定技术

1. 术部解剖　下颌骨骨体容易触诊，手术通路由皮肤到皮下组织。上颌骨齿槽神经是下颌牙齿的感觉神经，沿着下颌骨的齿槽动脉通过下颌骨。下颌骨骨折时这些结构被严重破坏，在对下颌骨进行手术时，必须避开牙根、咬肌背面和表面的腮腺管、腺体以及表面神经。

2. 手术通路 下颌腹侧切口通路。两侧下颌骨骨折时，在下颌骨之间的皮肤上做一个腹中线切口，向两边分离切口以暴露两侧下颌骨。单侧下颌骨骨折时，直接在该侧下颌骨上做腹中线切口，提起下颌骨旁的软组织以暴露骨折部，不要分离二腹肌（图2-1-58）。

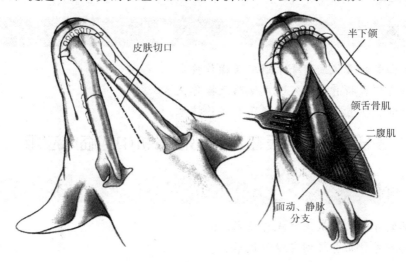

图2-1-58 下颌骨腹侧切口通路

3. 手术技术 接骨板可用于固定简单或粉碎性下颌骨骨折：选择合适的颌面小型接骨板放置在下颌骨的腹外侧，用锁定骨螺钉固定（图2-1-59）。骨螺钉在固定时要避开牙根。如果有骨折碎片，首先固定后段的骨折。建议选择锁定骨板和螺钉。

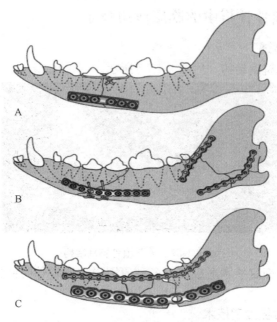

图2-1-59 下颌骨骨折骨板固定
A. 中段横骨折固定示意
B. 中段斜骨折及近心端粉碎性骨折固定示意
C. 中段粉碎性骨折固定示意

二、骨板在肩胛骨骨折中的临床应用技术

（一）肩胛骨骨折概述

1. 肩胛骨及其附件解剖结构 如图 2-1-60 所示。

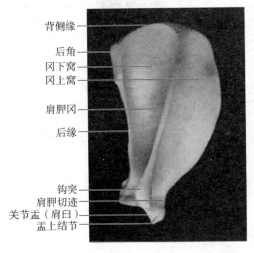
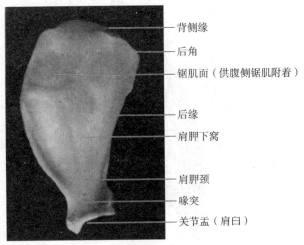

图 2-1-60　肩胛骨外侧面（左）和内侧面（右）解剖结构

2. 肩胛骨骨折骨板固定手术适应证 各种原因导致的肩胛骨骨体骨折、肩胛颈骨折、肩胛冈骨折等。

（二）肩胛骨骨折骨板固定技术

1. 术部解剖 肩胛骨最明显的界限是肩胛冈、肩峰及头、背、尾的边缘。切开和提起肌肉很容易暴露肩胛骨的肩胛冈和肩胛骨体。肩胛颈被肌肉和筋腱所包裹，这些肌肉和筋腱对肩关节起固定作用。肩胛骨凹槽上及肩峰下的肩胛上神经和动脉管，在手术过程中要仔细保护以免损伤其功能。腋动脉和神经位于关节的尾部，在正常的手术部位并不显露。

2. 手术通路

（1）肩胛骨骨体和肩胛冈手术通路（图 2-1-61）。从肩胛冈末梢延伸到肩关节做一外侧皮肤切口。在肩胛冈处横断肩胛锁骨肌并将其拉向背侧，切开斜方肌和肩胛冈上的部分三角肌并将其拉向背侧。切开附属在肩胛冈上的冈上肌和冈下肌，提起肩胛骨骨体上的肌肉。

（2）肩胛颈手术通路（图 2-1-62）。从肩胛冈正中向远端肩关节做一外侧皮肤切口。把肩胛骨周围的肩胛横突肌、斜方肌及三角肌的肩胛头端切开以暴露肩峰。凿开肩峰并将三角肌肩峰头向远端回折，分离肩胛冈和肩胛颈上的冈上肌和冈下肌。

3. 手术技术 肩胛骨骨体和肩胛冈的横骨折可用小号的半管形骨板进行固定，肩胛颈的横骨折和粉碎性骨折用小角度的 T 形骨板进行固定（图 2-1-63）。在肩胛颈骨折时，骨板应固定在肩胛上神经的下面，在骨板固定时应保护神经避免损伤。

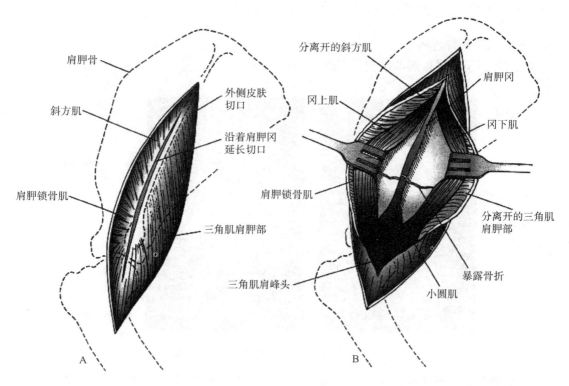

图 2-1-61　肩胛骨骨体和肩胛冈手术通路
A. 沿肩胛冈打开通路　B. 分离冈上肌和冈下肌暴露肩胛骨

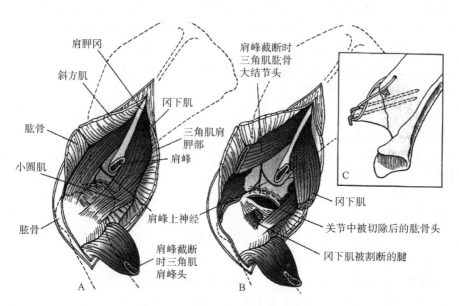

图 2-1-62　肩胛颈手术通路
A. 凿开三角肌附着点肩峰翻转后打开通路
B. 分离冈上肌和冈下肌，暴露关节囊并打开　C. 用针加张力带钢丝固定肩峰示意

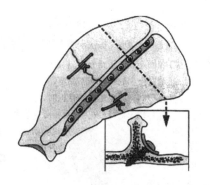
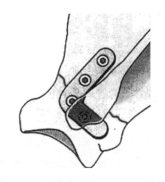

图 2-1-63　肩胛骨骨体和肩胛颈骨折骨板固定

三、骨板在腕骨和跗骨骨折中的临床应用技术

(一) 腕骨和跗骨骨折概述

1. 腕骨和跗骨及其附件解剖结构　如图 2-1-64、图 2-1-65 所示。

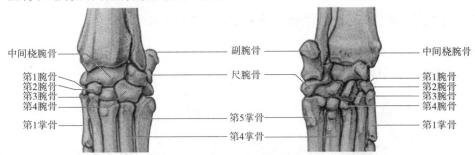

图 2-1-64　腕骨背侧面（左）和掌侧面（右）解剖结构

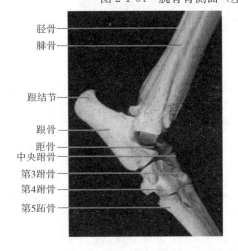
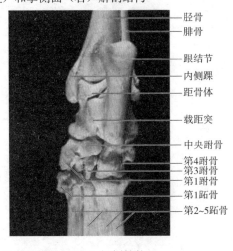

图 2-1-65　跗骨外侧面（左）和跖侧面（右）解剖结构

2. 腕骨和跗骨骨折骨板固定手术适应证　各种原因导致的腕骨和跗骨的横骨折、斜骨折、蝶形骨折、粉碎性骨折等。

(二) 腕骨和跗骨骨折骨板固定技术

1. 术部解剖　腕骨由前后两排腕骨组成，腕桡骨放射状的关节在关节区域主要起承担体重的作用。跟骨是最大的跗骨，骨远心端 1/2 处的两个关节面和距骨形成一个稳定的关节。跟结节最近段形成了一个突起，用以附着跟腱。距骨是跗骨的第二大骨，它在近心端与桡尺骨形成关节，在远心端与正中跗骨形成关节。距骨可分成内侧和外侧滑节，其在近心端与桡骨形成关节，其骨体在远心端与正中距骨成关节，其侧面与内外侧踝成关节。

2. 手术通路 跟骨骨折手术通路：沿跟骨外侧面做一切口，切口从跟骨腱到跟骨结节的最前端，继续延长切口到跗趾关节的水平末端。切开跟骨背侧浅层和深层的筋膜，找到趾屈肌肌腱侧面，做一个平行的切口，从中部拉开肌腱暴露跟骨的后面。

3. 手术技术 横向跟骨骨折可用接骨板进行固定，斜向或板层状跟骨骨折可用加压骨螺钉进行固定（图2-1-66）。

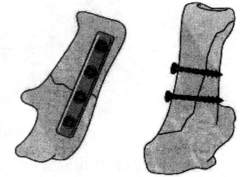

图2-1-66 跟骨骨折骨板固定（左）和加压螺钉固定（右）

四、骨板在掌骨和跖骨骨折中的临床应用技术

（一）掌骨和跖骨骨折概述

1. 掌骨和跖骨及其附件解剖结构 如图2-1-67所示。

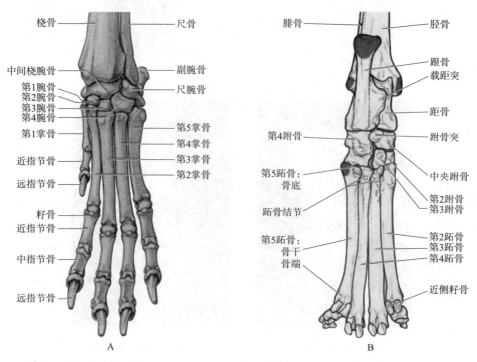

图2-1-67 掌骨和跖骨结构解剖
A. 掌骨 B. 跖骨

2. 掌骨和跖骨骨折骨板固定手术适应证 各种原因导致的掌骨和跖骨的横骨折、斜骨折、蝶形骨折、粉碎性骨折等。

（二）掌骨和跖骨骨折骨板固定技术

1. 术部解剖　浅表的背侧掌骨或者跖骨动脉经过爪部的背侧面，伸肌腱经过各趾背侧面的下方，屈肌腱及浅表和深部的掌骨或者跖骨动脉位于各趾的掌面或跖面。每个关节都有内外侧韧带。成对的近端籽骨位于掌指关节末端，并且有牢固的韧带附着。

2. 手术通路　爪背侧面切口通路。在第3或第4骨的背侧面切开皮肤和皮下组织，分离伸肌腱及爪背侧面的韧带，暴露骨折处。

3. 手术技术　掌骨以及跖骨骨干的横骨折、斜骨折和粉碎性骨折可用骨板固定。支持接骨板用于跨越和支撑粉碎性骨折的固定，加压接骨板用于横骨折的固定，平衡接骨板用于斜骨折的固定（图2-1-68）。

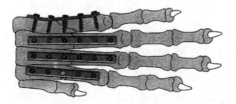

图2-1-68　掌骨（跖骨）骨折骨板固定

（三）临床病例讨论

贝灵顿犬，雌性，未绝育，左前肢被门夹伤导致左侧2~4掌骨横断骨折（图2-1-69）。

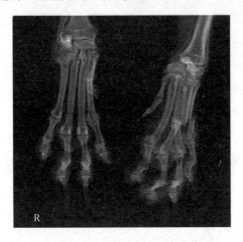

图2-1-69　掌骨骨折X线影像

1. 手术方案应用　本病例采用骨板内固定技术。手术步骤如下：

第一步：用多咪静（右旋美托咪定）诱导麻醉，异氟醚吸入维持麻醉。

第二步：侧卧保定，备皮，消毒，创巾固定，术部隔离。

第三步：采用掌背侧面切口通路。在第3或第4骨的背侧面切开皮肤和皮下组织，分离伸肌腱及爪背侧面的韧带，暴露骨折处。

第四步：用持骨钳夹持两断端，尽量使骨折断端靠拢并恢复到正常解剖位置。确保骨折断端吻合后用咬骨钳固定，选择大小合适的骨板以适应掌骨表面，用钻头打孔，骨螺钉固定，植入不锈钢接骨板。

第五步：用PGA可吸收缝线连续缝合肌肉、筋膜，结节缝合皮肤创口。

手术后 X 线片见图 2-1-70。

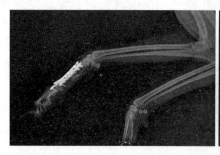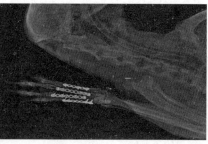

图 2-1-70　掌骨骨折术后 X 线影像

2. 术后护理及注意事项

（1）一般治疗。术后佩戴伊丽莎白圈，限制病犬运动，适当补钙以促进骨折愈合。如果术后病犬疼痛感强烈，可给予止痛药。手术一周后拆除皮肤缝合线。

（2）防止感染。术后静脉滴注抗生素 3～5 d，防止术部创伤感染。

（3）功能锻炼。术后逐步进行康复训练，防止肌肉萎缩和功能退化，也利于血运重建和应力刺激，促进骨折愈合。

任务反思

1. 总结下颌骨骨折骨板固定手术通路及操作技术。
2. 总结肩胛骨骨折骨板固定手术通路及操作技术。
3. 总结腕骨和跗骨骨折骨板固定手术通路及操作技术。
4. 总结掌骨和跖骨骨折骨板固定手术通路及操作技术。

任务 2　骨外固定临床应用技术

任务目标

掌握骨外固定技术在小动物四肢骨、骨盆及其他部位骨折中的应用技术。

子任务 1　骨外固定在四肢骨骨折中的临床应用

子任务目标

1. 掌握骨外固定在股骨骨折中的临床应用技术。
2. 掌握骨外固定在胫腓骨骨折中的临床应用技术。
3. 掌握骨外固定在肱骨骨折中的临床应用技术。
4. 掌握骨外固定在桡尺骨骨折中的临床应用技术。

任务实施

一、骨外固定在股骨骨折中的临床应用

（一）股骨骨折概述

1. 股骨骨折手术通路 股骨骨折手术通路和前述骨板内固定方案相同。应用骨外固定技术时多采用微创技术，股骨内的髓内针以及各部位的半针和全针一般均以微创方式植入。

2. 股骨骨外固定手术适应证 各种原因导致的股骨中段的横骨折、斜骨折、蝶形骨折、粉碎性骨折、远心端骨折等。

（二）常用股骨骨外固定种类

1. Ⅰ型 IA 单侧单边式 适用于中段各种类型骨折，也可以配合骨板使用，偏心固定方法。为了增加稳定性也可以对外连接杆进行双杆设计（图2-2-1）。

2. Ⅰ型 IA 单侧单边式改进型（配合髓内针使用） 适用于中段的横骨折、斜骨折、粉碎性骨折，偏心固定加中心固定（图2-2-2）。

3. 股骨干三角式 本方法稳定性更好，适用于大型和活动性强的动物。股骨远端骨折也适用本方法（图2-2-3）。

股骨中段骨折-外固定支架手术-髓内针植入过程

股骨中段骨折-外固定支架手术-固定过程

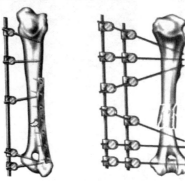

图 2-2-1　单侧单边固定示意

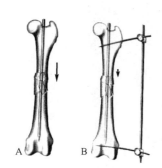
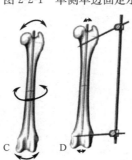
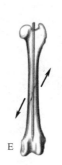
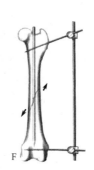

图 2-2-2　各种不同类型骨折骨外固定示意
A、B. 粉碎性骨折利用骨外固定配合髓内针增强压缩力的控制
C、D. 横骨折利用骨外固定配合髓内针增强旋转力的控制
E、F. 斜骨折利用骨外固定配合髓内针增强剪切力的控制

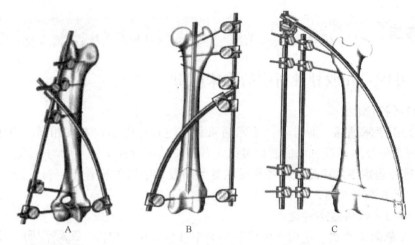

图 2-2-3　股骨干三角式骨外固定示意
A. 三角式进行肱骨远心端固定示意　B. 髓内针结合三角式进行股骨远心端固定示意
C. 三角式进行股骨远心端固定示意

4. 环形支架　适用于复杂粉碎性骨折或者靠近关节（含关节）的各种骨折（图2-2-4）。

5. 远端交叉针支架　适用于远心端骨折（图2-2-5）。

 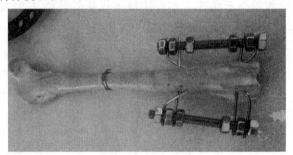

图 2-2-4　股骨环形支架模型　　图 2-2-5　股骨远心端交叉针骨外固定模型

（三）股骨顺向进针方法及注意事项

1. 进针位置　大转子内侧窝，正向植入（图2-2-6）。

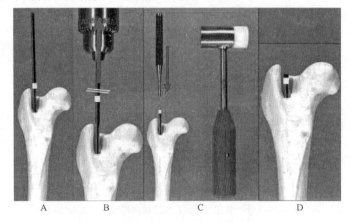

图 2-2-6　股骨髓内针顺向进针操作示意
A. 正向植入至预定长度并做标记　B. 适当退出并在标记点剪断
C. 用克氏针打入器和骨锤顺向打入　D. 要把断端完全打入到大转子以下

2. 针的选择 针的直径占髓腔直径的60%～75%，髓内针在大转子处保留要短或者和外支架连接。

（四）临床病例分析

1. 病例介绍 比熊犬，雄性，1岁，正常免疫，因车祸导致右侧股骨骨折（图2-2-7）。

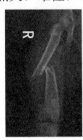
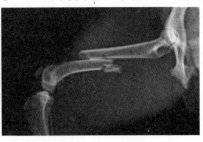

图2-2-7 右侧股骨中段骨折X线影像

2. 手术方案应用 本病例采用微创骨外固定技术。手术步骤如下：

第一步：用雅各布手钻从大转子顺向进针直到髓内针进入髓腔。

第二步：髓内针进入断端后吻合断端，接着把髓内针顺向插至远心端干骺端，进针完全后向外侧90°折弯髓内针。

第三步：在远心端用电钻植入一枚单侧螺纹针，针穿过两侧骨皮质，针尖越过内侧骨皮质1～2 mm。

第四步：用外支架连接杆和锁扣连接髓内针和远心端半针，先固定近心端髓内针处的锁扣，然后对股骨复位，对轴线、旋转等进行调整，调整过程中可以使用透视设备进行辅助或者拍X线片检查确认，复位没有问题后进行固定。

第五步：在近心端和远心端距离骨折线2 cm处各植入一枚单侧螺纹针（针穿过两侧骨皮质，针尖越过内侧骨皮质1～2 mm），并和外固定支架连接固定，透视或者拍片检查复位情况和固定情况，没有问题后旋紧所有连接并减去多余针尾部分，手术即完成。

手术后X线检查见图2-2-8。

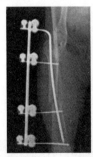
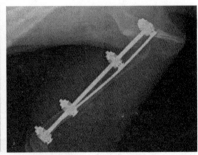

图2-2-8 骨外固定术后X线影像

3. 术后护理及注意事项

（1）一般治疗。术后注意观察血运和肿胀情况；有松动的螺丝应及时拧紧，未拆除支架前佩戴伊丽莎白圈防止舔咬。

（2）防止感染。就骨外固定本身而言，不必使用抗生素来预防针孔感染。但骨折和伤口处仍必须酌情选用抗生素。

（3）功能锻炼。及时正确的功能锻炼，不仅有利于关节功能恢复，也有利于血运重建和应力刺激，促进骨折愈合进程。

（4）拆除骨外固定器。拆除骨外固定器时，应准确判断骨折的愈合强度，在没有把握确定骨愈合强度和明显的骨外固定并发症的情况下，不要过早拆除骨外固定器，特别是治疗陈旧性骨折、粉碎性骨折、骨不连等情况时。

（五）常见问题及处理

骨外固定后要经常对针孔进行护理。应做好以下工作：
(1) 针孔有渗出时需每天更换敷料。
(2) 针孔处皮肤有张力时应及时在张力侧切开减张。
(3) 在调整骨外固定器或改变构型时均要注意无菌操作。
(4) 针孔护理时要避免交叉感染。

二、骨外固定在胫腓骨骨折中的临床应用

（一）胫腓骨骨折概述

1. 胫腓骨骨折手术通路　临床上，由于车祸等意外原因造成的犬胫腓骨骨折的病例很多，常采用接骨板、髓内针内固定和骨外固定等方法。胫骨骨折内侧手术通路同骨板固定一样，使用髓内针则必须从胫骨平台内侧顺向进针。

2. 胫腓骨骨外固定手术适应证　各种原因导致的胫腓骨中段的横骨折、斜骨折、蝶形骨折、粉碎性骨折、远心端骨折等。

（二）常用胫腓骨骨外固定种类

1. Ⅰ型 IA 单侧单边式　适用于中段各种类型骨折，也可以配合骨板使用，采用偏心固定（图2-2-9）。

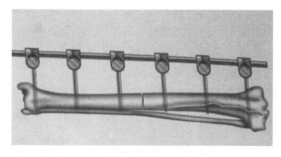

图 2-2-9　胫骨单侧骨外固定示意

2. Ⅰ型 IA 单侧单边式改进型（配合髓内针使用）　适用于中段的横骨折、斜骨折、粉碎性骨折，采用偏心固定加中心固定（图2-2-10）。

模型演示：胫骨中段骨折-髓内针加单侧支架固定

胫骨中段骨折-外固定支架手术-髓内针植入过程

胫骨中段骨折-外固定支架手术-固定过程

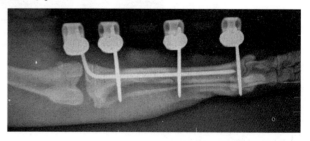

图 2-2-10　胫骨骨折髓内针结合骨外固定 X 线影像

3. Ⅱ型双边式 适用于各种中段骨折,稳定性好,强度高,但是操作难度大,不易复位(图 2-2-11)。

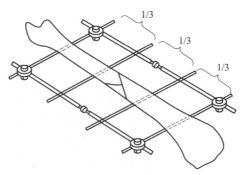

图 2-2-11 双侧固定示意

4. Ⅱ型双边式改进型 适用于各种中段骨折,稳定性好,强度高,操作简单,复位调整相对容易(图 2-2-12)。

5. 组合式 适用于各种中段骨折,稳定相对好,但植入物多,采用偏心固定(图 2-2-13)。

6. 环形骨外固定 适用于各种位置骨折,包括关节骨折等(图 2-2-14)。

模型演示:胫骨中段骨折-双边型外固定支架

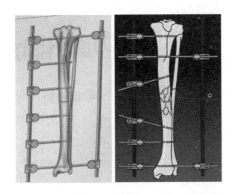

图 2-2-12 胫骨双侧骨外固定改进型示意

图 2-2-13 组合支架示意

图 2-2-14 各种环形支架固定示意

(三) 胫骨顺向进针方法及注意事项

1. 进针位置 胫骨结节内侧面，正向植入（图 2-2-15）。

2. 针的选择 占髓腔内径的 60%～75%，保留要短。

(四) 临床病例分析

1. 病例介绍 贝灵顿犬，2 岁，雄性，免疫完全，由高处跌落导致胫骨中段骨折（图 2-2-16）。

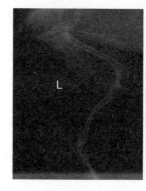
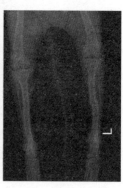

图 2-2-15 顺向进针示意　　图 2-2-16 胫骨中段骨折 X 线影像

2. 手术方案应用 本病例采用微创骨外固定技术。手术步骤如下：

第一步：用雅各布手钻从胫骨平台内侧中间进针，顺向进针直到髓内针进入髓腔。

第二步：髓内针进入断端后吻合断端，接着把髓内针顺向插至远端干骺端，进针完全后向外侧 90°折弯髓内针。

第三步：在胫骨远端内侧髁上用电钻植入一枚单侧螺纹针，针穿过两侧骨皮质，针尖越过内侧骨皮质 1～2 mm。

第四步：用外支架连接杆和锁扣连接髓内针和远心端半针，先固定近心端髓内针处的锁扣，然后对股骨复位，对轴线、旋转等进行调整，调整过程中可以通过透视或者拍 X 线片检查确认，复位没有问题后进行固定。

第五步：在近心端和远心端距离骨折线 2 cm 处各植入一枚单侧螺纹针（针穿过两侧骨皮质，针尖越过内侧骨皮质 1～2 mm），并和外固定支架连接固定，通过透视或者拍片检查复位情况和固定情况，没有问题后旋紧所有连接并减去多余针尾部分，手术即完成。手术后 X 线影像见图 2-2-17。

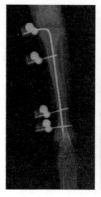

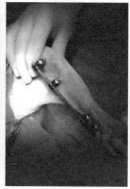

图 2-2-17 术后 X 线影像和外观

3. 术后护理及注意事项

（1）一般治疗。术后注意观察血运和肿胀情况，有松动的螺丝应及时拧紧，未拆除支架前佩戴伊丽莎白圈防止舔咬。

（2）防止感染。就骨外固定本身而言，不必使用抗生素来预防针孔感染。但骨折和伤口处仍须酌情选用抗生素。

（3）功能锻炼。及时正确的功能锻炼，不仅有利于关节功能恢复，也有利于血运重建和应力刺激，促进骨折愈合。

（4）拆除骨外固定器。拆除骨外固定器时，应准确判断骨折的愈合强度，在没有把握确定骨愈合强度和明显的骨外固定并发症的情况下，不要过早拆除骨外固定器，特别是治疗陈旧性骨折、粉碎性骨折、骨不连等情况时。

（五）常见问题及处理

1. 常见问题 骨折延迟愈合或骨不愈合。

2. 处理方法 尽量使骨折达到解剖复位，并选择力学性良好的外固定器。防止固定强度不足的同时也应避免长期过分坚强的固定。施力需合理，对骨缺损施牵伸力，粉碎性骨折施中和力，横断骨折施加压力。

三、骨外固定在肱骨骨折中的临床应用

（一）肱骨骨折概述

1. 肱骨骨折手术通路 肱骨骨折多发生在中 1/3 和下 1/3 处。肱骨骨折通路和前述骨板类似。在臂骨下 1/3 处有桡神经经臂三头肌外侧头和臂肌间斜向下绕过，操作时注意避免损伤。

2. 肱骨骨外固定手术适应证 各种原因导致的肱骨中段的横骨折、斜骨折、蝶形骨折、粉碎性骨折、远端骨折等。

（二）常用肱骨骨外固定种类

1. 单侧骨外固定架 适用于肱骨中段各种类型骨折，采用偏心固定（图 2-2-18）。

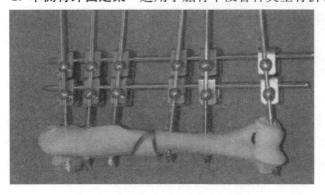

肱骨中段骨折-外固定支架手术-髓内针植入过程

肱骨中段骨折-外固定支架手术-固定过程

图 2-2-18 肱骨单侧支架固定模型示意

2. 髓内针加骨外固定架 适用于肱骨中远段各种类型骨折，采用中心固定加偏心固定（图 2-2-19）。

3. 肱骨干三角式 为了增加偏心固定的稳定性可以采用本方式，适用于肱骨中远心端

各种类型骨折，也可以配合髓内针使用。同时也可以结合环形骨外固定架使用（图2-2-20）。

（三）肱骨髓内针植入

可以采用打开创口暴露断端逆向进针，也可以采用微创顺向进针，顺向进针如图2-2-21所示。

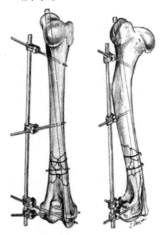

图2-2-19　肱骨髓内针结合骨外固定示意　　图2-2-20　肱骨三角式固定示意　　图2-2-21　顺向进针示意

（四）临床病例分析

1. 病例介绍　比利时马里努阿犬，2月龄，因被咬伤导致肱骨节段性粉碎性骨折，X线检查见图2-2-22。

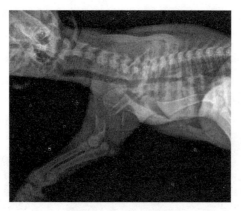

图2-2-22　中段粉碎性骨折X线影像

2. 手术方案应用　本病例采用肱骨干部分切开复位骨外固定技术。手术步骤如下：

第一步：用雅各布手钻从肱骨近心端前外侧进针，顺向进针直到髓内针进入髓腔。

第二步：髓内针进入肱骨近心端骨折处，然后切开部分皮肤和皮下结缔组织，用复位钳辅助两断端复位并将髓内针顺向插至远心端干骺端，进针完全后向外侧90°折弯髓内针。

第三步：在肱骨远心端内外髁上用电钻植入一枚中间螺纹全针，针穿过两侧骨皮质，螺纹长度略大于内外髁骨直径，然后用半环连接该全针。

第四步：用外连接杆连接该半环和近心端髓内针；先固定近心端髓内针处的锁扣，然后对肱骨复位，对轴线、旋转等进行调整，调整过程中可以通过透视或者拍X线片检查确认，复位没有问题后进行固定。

第五步：在远心端环形支架上再打入一个单侧螺纹半针，在近心端骨折段植入一枚单侧螺纹针（针穿过两侧骨皮质，针尖越过内侧骨皮质1~2 mm），并和外固定支架连接，在中间骨折段部分用两枚单侧螺纹针固定。固定过程中通过透视或者拍片检查复位情况和固定情况，没有问题后旋紧所有连接并减去多余针尾部分，手术即完成。手术后X线影像见图2-2-23。

术后50 d骨折愈合良好，拆除骨外固定架（图2-2-24）。

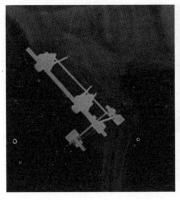
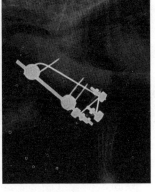
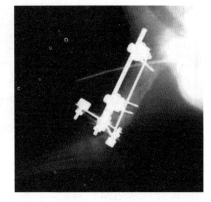

图2-2-23　半环形支架术后X线影像　　　图2-2-24　术后50 d X线影像

3. 术后护理及注意事项

（1）一般治疗。术后注意观察血运和肿胀情况，有松动的螺丝应及时拧紧，未拆除支架前佩戴伊丽莎白圈防止舔咬。

（2）防止感染。就骨外固定本身而言，不必使用抗生素来预防针孔感染。但骨折和伤口处仍须酌情选用抗生素。

（3）功能锻炼。及时正确的功能锻炼，不仅有利于关节功能恢复，也有利于血运重建和应力刺激，促进骨折愈合进程。

（4）拆除骨外固定器。拆除骨外固定器时，应准确判断骨折的愈合强度，在没有把握确定骨愈合强度和明显的骨外固定并发症的情况下，不要过早拆除骨外固定器，特别是治疗陈旧性骨折、粉碎性骨折、骨不连等情况时。

（五）常见问题及处理

骨外固定可能导致关节功能障碍，解决方案如下：

（1）穿针时必须置上、下关节于中立位或功能位。

（2）正确选择进针点，穿针点尽可能选择在肌间隙。

（3）术后尽早进行被动与主动功能锻炼。

（4）骨折愈合后及时拆除外固定器。

四、骨外固定在桡尺骨骨折中的临床应用

（一）桡尺骨骨折概述

1. 桡尺骨骨折手术通路　小型宠物犬，如博美犬、比熊犬、贵宾犬等，体形较小，骨骼纤细，常因外力（如高处坠落、车辆撞击或无意踩踏等）造成尺骨、桡骨同时骨折。桡尺骨骨折是临床小型犬常发病例，多数原因为意外受伤，常发生于肘突、桡尺骨骨干骨折。手术通路（中小型犬）和前述骨板固定类似。骨外固定常采用组合式。

2. 桡尺骨骨外固定手术适应证 各种原因导致的桡尺骨中段的横骨折、斜骨折、蝶形骨折、粉碎性骨折、远心端骨折等。

（二）常用肱骨骨外固定种类

1. 单侧骨外固定架 适用于桡尺骨中段各种类型骨折，采用偏心固定（图2-2-25），一般小型犬只固定桡骨。

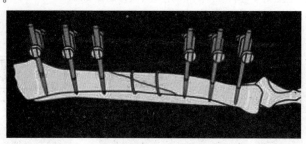

图2-2-25　桡骨单侧支架固定示意

2. 组合（组架）骨外固定架 增加了单侧骨外固定的稳定性，适用于桡尺骨中段各种类型骨折，采用偏心固定，一般小型犬只固定桡骨（图2-2-26）。

桡尺骨中段骨折-组合式外固定支架

图2-2-26　桡骨组合之间固定示意

3. Ⅱ型双边式 适用于各种中段骨折，稳定性好，强度高，但是操作难度大，不好复位（图2-2-27）。

4. Ⅱ型双边式改进型 适用于各种中段骨折，稳定性好，强度高，操作简单，复位调整相对容易。两端为全针固定，中间其他位置为半针固定。

5. 环形骨外固定 适用于各种位置骨折，包括关节骨折等（图2-2-28）。

（三）临床病例分析

1. 病例介绍 贵宾犬，3岁，因被电动车撞击导致左前肢骨折。X线影像见图2-2-29。

2. 手术方案应用 本病例采用Ⅱ型改进型双侧骨外固定技术。手术步骤如下：

第一步：在桡骨近心端靠近肘关节位置前后植入一枚中间螺纹全针，针穿透两侧软组织和骨皮质，一般会把桡骨和尺骨一起穿透。

第二步：在桡骨远心端靠近腕关节中间位置前后植入一枚中间螺纹全针，针穿透两侧软组织和骨皮质，仅穿透桡骨。

第三步：用两个连接杆和锁扣连接近心端和远心端两个全针。

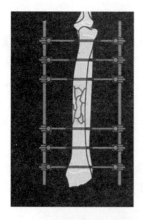
图 2-2-27 桡骨双侧支架固定示意

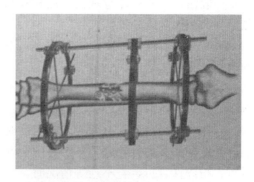
图 2-2-28 环形固定示意

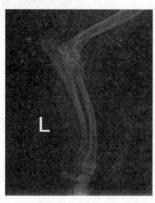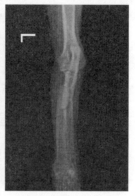

图 2-2-29 桡尺骨中段骨折 X 线影像

第四步：先固定近心端全针和前后两侧连接杆的锁扣，然后对桡尺骨进行复位以及轴线、旋转的调整，调整过程中可以通过透视或者拍 X 线片检查确认，复位没有问题后对远心端进行固定。

第五步：在近心端和远心端骨折段各植入一枚以上单侧螺纹针（针穿过两侧骨皮质，针尖越过内侧骨皮质 1～2 mm），并和外固定支架连接，固定过程中通过透视或者拍片检查复位情况和固定情况，没有问题后旋紧所有连接并减去多余针尾部分，手术即完成。手术后 X 线影像见图 2-2-30。

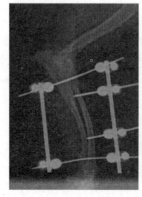

图 2-2-30 术后照片及 X 线影像

3. 术后护理及注意事项

（1）一般治疗。术后注意观察血运和肿胀情况，有松动的螺丝应及时拧紧，未拆除支架前佩戴伊丽莎白圈防止舔咬。

（2）防止感染。就骨外固定本身而言，不必使用抗生素来预防针孔感染，但骨折和伤口处仍须酌情选用抗生素。

（3）功能锻炼。及时正确的功能锻炼，不仅有利于关节功能恢复，也有利于血运重建和应力刺激，促进骨折愈合进程。

（4）拆除骨外固定器。拆除骨外固定器时，应准确判断骨折的愈合强度，在没有把握确定骨愈合强度和明显的骨外固定并发症的情况下，不要过早拆除骨外固定器，特别是治疗陈旧性骨折、粉碎性骨折、骨不连等情况时。

任务反思

1. 四肢骨骨外固定中如何利用顺向进针实现微创固定？
2. 桡尺骨骨折中利用组合支架对桡骨进行固定时如何才能可靠、便捷地复位？
3. 如何应用环形支架对四肢骨复杂骨折进行固定？

子任务2　骨外固定在骨盆及其他部位的临床应用

子任务目标

1. 掌握骨外固定在骨盆骨折中的临床应用技术。
2. 掌握骨外固定在其他骨折中的临床应用技术。

任务实施

一、骨外固定在骨盆骨折中的临床应用

（一）骨盆骨折概述

骨盆骨折发病率较高，多为意外撞击等导致。可分为荐髂关节脱位、髋臼骨折、髂骨干骨折、坐骨骨折和耻骨骨折等。临床主要表现为疼痛，后肢拖曳行走，臀部变形，尿潴留，肛门反射迟钝，后肢末端本体感受消失等。骨盆是由平而不规则的骨组成，周围有丰富的肌肉组织。骨盆骨折骨外固定难度较大，骨外固定在临床上往往不作为首选方案。

（二）骨盆骨折骨外固定手术适应证

该手术适用于各种原因导致的骨盆骨折。

（三）骨盆骨折骨外固定操作流程示意

（1）单侧螺纹针部分通过切口刺入，腹背侧穿入髂骨或坐骨内并且头尾部平行于坐骨面。临床根据实际需求可进行多个螺纹针的植入（图2-2-31）。

（2）骨盆骨折碎片外固定支架的组合方式：将骨折片段按顺序重组，连接棒每个片段2～4钉（图2-2-32）。连接杆可将直线上的螺纹针进行连接固定。

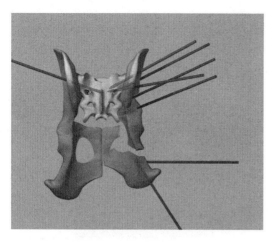

图 2-2-31 单侧螺纹针植入

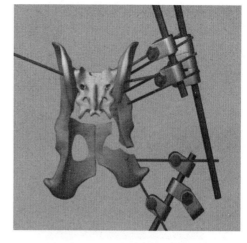

图 2-2-32 用连接棒连接螺纹针

（3）使用连接杆连接邻近片段，对于不能直线连接的多个不同片段可以使用连接杆进行相互连接以增加稳定性（图 2-2-33）。

（4）背面连接棒放置在坐骨和髂骨骨架部件之间，在对侧于骶髂骨增加一个三角形的支架（图 2-2-34）。

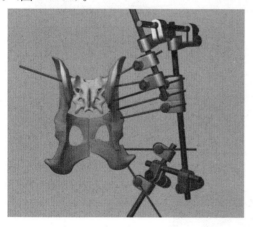

图 2-2-33 连接杆对连接棒组合

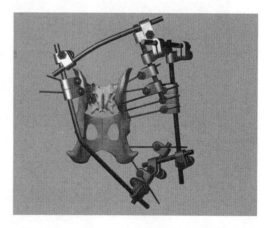

图 2-2-34 增加三角连接增加稳定

（四）临床病例分析

1. 简单骨盆骨折骨外固定　术前骨折骨盆 X 线影像可见：右侧髂骨体骨折，左侧耻骨联合、坐骨骨折（图 2-2-35）。

手术采用骨外固定方式进行骨折片复位和固定。手术操作：首先进行螺纹针植入，接着用连接棒把螺纹针直线连接起来，最后再用连接杆把支架组合起来即可（图 2-2-36）。

术后第 1、4、8 周进行 X 线复查，观察固定稳定性情况及愈合和恢复状况。术后 8 周拆除植入物后 X 线影像显示愈合良好（图 2-2-37）。术后为了增强愈合也可对植入物进行分批次拆除，以减小植入物对应力的影响。

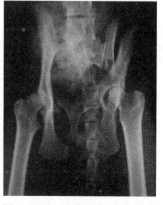

图 2-2-35 骨盆正位 X 线影像

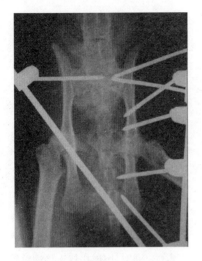 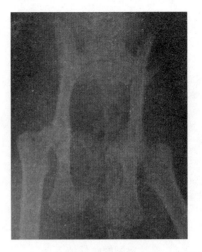

图 2-2-36　术后正位 X 线影像　　　　图 2-2-37　拆除植入物后骨盆正位 X 线影像

2. 复杂骨盆骨折骨外固定　术前骨折骨盆 X 线影像可见：右侧髂骨体骨折，右侧髋臼窝骨折，右侧耻骨联合骨折（图 2-2-38）。

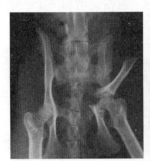 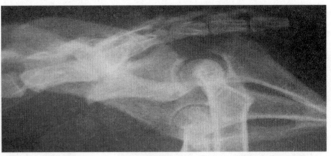

图 2-2-38　骨盆正位（左）、侧位（右）X 线影像

手术采用骨外固定方式进行骨折片复位和固定，X 线检查显示复位良好（图 2-2-39）。

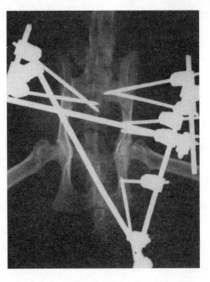

图 2-2-39　术后骨盆正位 X 线影像

3. 术后护理及注意事项

（1）术后避免过早负重。骨盆由形态不规则的扁平骨组成，半针固定牢固性一般，术后不适合过早负重运动，以免发生变形。

（2）防止感染。就骨外固定本身而言，不必使用抗生素来预防针孔感染，但骨折和伤口处仍须酌情选用抗生素。

（3）拆除骨外固定器。拆除骨外固定器时，应准确判断骨折的愈合强度，在没有把握确定骨愈合强度和明显的骨外固定并发症的情况下，不要过早拆除骨外固定器，特别是粉碎性骨折、骨不连等情况时。

（五）常见问题及处理

1. 常见问题　进针时容易导致神经与血管损伤。

2. 处理方案　在坐骨神经经过的区域进针要特别小心，肌肉厚的位置可以切开部分软组织，然后再植入单侧螺纹针。

二、骨外固定在其他骨折中的临床应用

骨外固定在四肢发育畸形时可用来进行矫正固定。

1. 桡尺骨发育畸形矫正术　切骨以后可以首先在远心端和近心端植入中间螺纹的全针，接着用连接棒组合双侧支架，最后再增加不同位置的单侧螺纹针以增加固定强度（图 2-2-40）。有些复杂病例可以使用环形骨外固定支架进行固定，甚至可以使用动态畸形矫正的方法进行逐步矫正（图 2-2-41）。

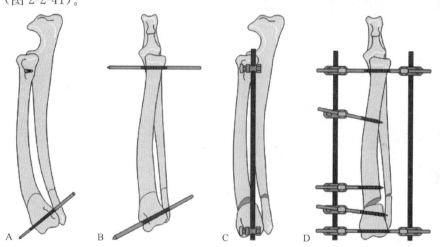

图 2-2-40　桡尺骨畸形矫正操作流程示意
A. 截骨后先做远心端的全针植入　B. 近心端全针的植入
C. 用连接棒连接两端全针　D. 组建并调整支架系统

2. 骨外固定在下颌骨骨折中的应用　下颌骨骨折时，不同位置螺纹针植入方向差异比较大，如果应用连接棒进行固定连接操作难度很大，临床中还会采用树脂材料连接固定不同方向位置的螺纹针（图 2-2-42）。树脂材料具有可塑性强、质量轻和强度高的特点。目前临床上不仅用于体型小的犬、猫各种四肢骨、骨盆及下颌骨等骨折，还广泛应用于各种鸟类、异宠的骨折固定。

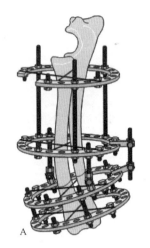
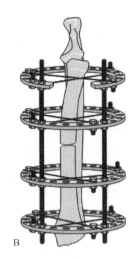

图 2-2-41 环形支架进行桡尺骨畸形矫正示意
A. 切骨两端分别进行环形固定，中间连接为可调节装置
B. 术后逐步调整进行畸形矫正

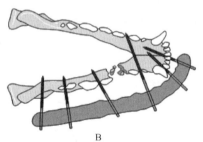

图 2-2-42 用螺纹针和树脂材料进行下颌骨骨折固定示意
A. 侧位　B. 正位

任务反思

1. 骨盆骨折骨外固定时如何进针不容易损伤坐骨神经？
2. 骨盆骨折骨外固定时如何调整支架进行复位？
3. 骨盆骨折术后护理和四肢骨骨折骨外固定相比有哪些差异？
4. 树脂固定的优势及应用范围有哪些？

任务3　小动物四肢骨科临床其他常用技术

任务目标

掌握小动物髌骨脱位矫正手术、股骨头切除手术、四肢关节人工韧带固定手术及关节融合手术的应用。

项目 2　小动物骨科临床技术应用

子任务 1　小动物髌骨脱位矫正术的临床应用

★ 子任务目标

1. 了解髌骨脱位发生机制及临床特征。
2. 掌握髌骨脱位的影像学检查方法。
3. 掌握髌骨脱位常用的手术矫正方法。
4. 掌握髌骨脱位的术后护理技术。

任务实施

一、小动物髌骨脱位的临床症状及检查

(一) 髌骨脱位概述

1. 髌骨脱位的概念　髌骨脱位是因遗传性或外伤性因素等导致髌骨从滑车沟中脱离的一种疾病。根据髌骨脱出的位置可分为髌骨内侧脱位和髌骨外侧脱位。内侧脱位在小型犬较为常见，外侧脱位在中大型犬更为常见，小型犬的发病率远高于大型犬。导致髌骨脱位的原因可能涉及髌股关节构造（滑车沟变浅和髌骨形态异常）和髌股关节力线方向（后肢力线外旋或内旋）等多种因素。髌股关节力线是指股四头肌群、髌骨、滑车沟、膝直韧带和胫骨粗隆应在一条直线上，如果该直线被破坏，会导致股四头肌肌群排列紊乱并引起髌骨脱位。犬髌骨脱位一般是由遗传因素或外部创伤引起的。创伤导致的脱位病例所占比例较小，临床中该病的发生多与遗传因素相关。髌骨脱位很少单独发生，经常伴有骨骼、周围韧带及肌肉的畸形，如髋关节内翻、股骨向外侧旋转（股骨前倾角减小）、胫骨内旋、滑车沟变浅或消失、髌骨形态改变等。

髌骨内侧脱位的发生起始于髋关节内翻和股骨向外侧旋转，后肢伸膝肌（股四头肌）向股骨内侧移位，股四头肌的移位作用于股骨远心端及其生长板，导致股四头肌施加于股骨内外侧髁的压力不平均，使得内外侧髁的骨生长速度不一致，髌骨容易从滑车凹槽内脱出。关节软骨可通过感受压力来调节骨骺的生长，压力增加时减缓其生长，压力减少时促进其生长。髌骨对股骨远心端的滑车软骨施加压力，阻止滑车软骨的发育，持续稳定的压力使滑车沟形成足够的深度容纳髌骨。而这种长期慢性的脱出使髌骨无法在滑车沟中产生足够的压力，最终导致处于生长发育期的动物形成不了具有足够深度的滑车沟。

髌骨脱位是犬的一种遗传性缺陷疾病，在犬所有遗传病中占比最高，其发病不受犬年龄、品种、性别的限制，但相比于成年犬，未成年犬髌骨脱位发病率更高。髌骨脱位的发病率受犬的品种因素影响很大。相比于杂种犬，纯种犬髌骨脱出的概率更高。而相比于中大型品种犬，小型犬种更为多发，如贵宾犬、法国斗牛犬、约克夏梗、吉娃娃犬、比熊犬、博美犬、查尔王小猎犬、西高地白梗和杰克罗素梗等，但近些年，一些中大型犬和巨型犬的髌骨脱位发病率也呈快速上升趋势，较为典型的如秋田犬、拉布拉多犬和阿拉斯加雪橇犬等。在所有易发犬种中，贵宾犬发病率最高，且发病年龄跨度最大，从 5 月龄到 11 岁均有发病。

2. 髌骨脱位的分级 临床根据髌骨和滑车之间的关系把髌骨脱位分为四级。

Ⅰ级脱位：跛行症状并不明显，偶尔会有跳跃行走的症状。髌骨能够脱位，但在正常运动过程中很少发生自发性脱位。伸展膝关节，给予髌骨外力时可发生脱位，外力解除后髌骨自行复位。

Ⅱ级脱位：一般会出现明显跛行，在进行剧烈运动的时候会连带发病肢体以及肌肉，出现明显的疼痛表现。股骨扭转变形轻微，髌骨在人工外力作用或屈曲膝关节时发生脱位，在相反作用力和反旋胫骨时随时可以复位。膝关节屈曲和伸展时髌骨反复出现脱出与复位，导致髌骨及滑车嵴摩擦后出现物理损伤，进而出现关节炎。此阶段疼痛和跛行比较明显。

Ⅲ级脱位：多数出现很明显的跛行，甚至行动不便，不能够长时间活动。髌骨长时间脱出至滑车沟外，只有在后肢伸展时可人工复位，外力解除后再次脱出。股四头肌群内侧或者外侧移位。膝关节的支持软组织异常，股骨和胫骨变形。患肢跛行严重。

Ⅳ级脱位：病情严重，甚至出现无法站立行走。股骨与胫骨严重扭转，滑车沟凹度变小，髌骨脱出且无法人工复位。股骨滑车槽变浅或消失，股四头肌群严重移位。

（二）髌骨脱位临床诊断

髌骨脱位的检查除了正常的问诊、视诊和触诊以外必须进行的就是影像学检查。通过X线摄影检查来具体了解犬髌骨脱位的病情；合理读取X线胶片对髌骨脱位的类型与具体位置进行分析，找出究竟是髌骨内侧脱出还是外侧脱出；同时也能够通过X线胶片来了解犬髌骨脱位的具体严重程度以及其他各类信息。影像学检查是犬髌骨脱位诊断工作中最直接也是最有效的方法，通过影像学检查可以制定出合理明确的犬髌骨脱位治疗方案。

X线摄影检查主要进行标准侧位（图2-3-1）、标准正位（图2-3-2）和轴位（图2-3-3）的影像检查，如果同时存在前十字韧带损伤，还需进行加压侧位的摄影检查。标准侧位的摄影要求X线中心束要对准膝关节，侧卧保定，患肢在下，将对侧肢前拉；在跗骨下加海绵垫抬高，避免患肢倾斜，胫骨完全平行于摄影床；X线影像显示股骨内外髁、两侧籽骨重叠（图2-3-4）。标准正位摄影要求俯卧，将患肢向后拉直；X线束中心对准膝关节；患肢轻微内旋；使膝盖骨正好位于滑车沟的下方（图2-3-5）。也可用水平X线投照的后前位。轴位投照可以评价滑车沟的深度和形态及显示股髌关节间隙和髌骨位置。轴位投照要求膝关节屈曲，胫骨和摄影床平行，两侧胫骨和股骨重叠后左右平行，中心点对准滑车沟（图2-3-6）。

图2-3-1 膝关节侧位摄影摆位

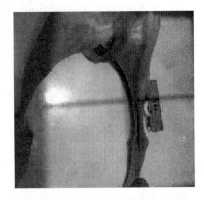

图2-3-2 膝关节正位摄影摆位

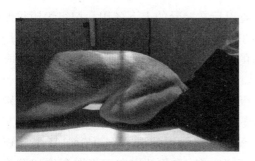

图 2-3-3 膝关节轴位摄影摆位

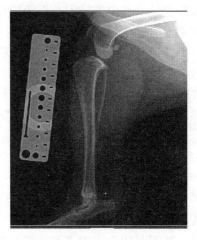

图 2-3-4 膝关节侧位影像

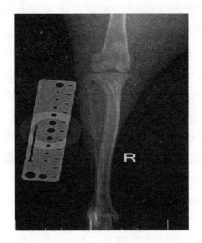

图 2-3-5 膝关节正位影像

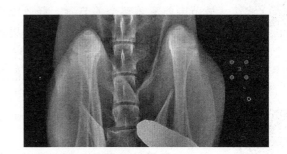

图 2-3-6 膝关节轴位影像

二、小动物髌骨脱位的手术矫正方法及护理

(一)髌骨脱位手术通路

1. 保定方法 一般选择仰卧保定,将宠物躯干仰卧于V形槽内,手术对侧肢适当固定。两侧同时进行髌骨脱位手术时两后肢都游离。

2. 手术通路 髌骨脱位的皮肤切口选择在脱位对侧,切开前施加外力使髌骨脱位。以对侧滑车嵴为中心平行髌直韧带上下切开皮肤,上缘超过髌骨上缘,下缘到胫骨结节;然后沿皮肤切口切开关节囊暴露膝关节。按照脱位情况进行相应矫正后进行缝合。

髌骨内侧脱位手术-手术通路打开

(二)髌骨脱位手术矫正方法

临床上,Ⅱ级及以上的病例建议尽早进行外科治疗,依据不同的脱位级别及年龄情况常使用的不同的手术方案进行矫正。Ⅱ级脱位一般建议进行髌骨修整、滑车再造、关节囊释放和软组织重建等技术联合应用。Ⅲ级脱位在Ⅱ级脱位的基础上增加股四头肌松解和胫骨结节移位等技术。Ⅳ级脱位在Ⅲ级脱位基础上还需进行股骨和胫骨的截骨矫正技术。如果髌骨脱位同时伴发前十字韧带损伤、半月板损伤的病例还需同时考虑进行 TTA、TPLO、CBLO 等技术操作。关节炎无法控制或者严重畸形的病例甚至需要考虑进行膝关节置换或者膝关节融合。

髌骨内侧脱位手术-髌骨修整术

1. 髌骨修整术 打开关节囊以后在髌骨的上下各用一把组织钳将髌骨翻转，多数Ⅱ级及以上脱位病例的髌骨为扁平形态。此项技术的主要作用为把扁平髌骨修整为接近正常形态的椭圆形髌骨，使髌骨和滑车匹配组成稳定关节。

2. 滑车沟再造术 多数Ⅱ级及以上的脱位病例滑车沟比较浅，级别越高的越浅。滑车沟再造时根据修整后的髌骨与滑车沟的实际尺寸，对滑车沟进行加深并增大范围，使得滑车沟与髌骨更加匹配。目前常用的滑车沟再造有 V 形和矩形两种形式。V 形是用手术刀或者骨锯沿着两侧滑车嵴向内 45°角的方向，将滑车沟切开或者锯开，将滑车沟中部分松质骨清除后，再把软骨放回，形成新的加深的滑车沟。矩形是用骨锯沿着两侧滑车嵴垂直向下方向将滑车沟锯开，然后用骨凿把表层软骨掀开，清理下方部分松质骨，软骨下沉以后形成新的加深的滑车沟。如遇滑车嵴外伤性骨折、滑车沟软骨缺损、严重的髌股关节炎、严重滑车沟磨损、重症膝关节炎等情况，还可以采用假体进行滑车沟置换术。

髌骨内侧脱位手术-滑车沟V形再造

3. 关节囊释放术 用尖头剪刀单侧头贴着胫骨嵴划开脱位侧关节囊，释放范围要覆盖整个关节囊。释放以后的关节囊在脱位侧的拉力就得到彻底解决，级别越高的脱位拉力释放效果越显著。

4. 软组织重建术 把髌骨脱位对侧松弛的组织部分切除的手术方式即软组织重建术。Ⅱ级及以上级别的髌骨脱位病例，髌骨长期处于脱位状态，因此，脱位对侧关节囊松弛程度较大。做完上述手术矫正以后复位髌骨，观察多余的组织范围，把多余的关节囊及软组织切除掉，然后再进行正常的创口闭合。

髌骨内侧脱位手术-内侧关节囊释放

5. 胫骨结节移位 对于脱位严重、胫骨结节位置改变的病例，在上述手术操作后，还需进行胫骨结节移位，移位以后可以使股四头肌和髌直韧带受力位于正常位置。胫骨结节位置改变不严重的，可以用摆锯将胫骨结节与胫骨分离，而后将分离的胫骨结节以及髌骨韧带拉直，使髌骨回到滑车沟，并使韧带与滑车沟处在同一直线上，用克氏针将其固定。对于很多胫骨结节位置改变严重的小型犬病例，则需要把胫骨结节完全锯开或者切开，并在胫骨嵴下缘横向钻孔，用合适的钢丝穿过，把胫骨结节在合适位置固定后，用钢丝结合髓内针对胫骨结节进行"8"字形固定。

髌骨内侧脱位手术-缝合过程

6. 股四头肌释放术 以髌骨韧带为中点，沿着股骨方向朝着近端大转子将股四头肌进行钝性分离，股四头肌各肌群筋膜分离后可有效缓解脱位侧对髌骨的拉力。

髌骨内侧脱位手术-胫骨结节移位

7. 股骨截骨术 Ⅲ级及以上髌骨脱位时，股骨和胫骨可能严重畸形，根据近心端机械轴或近心端解剖轴以及远心端机械轴或远心端解剖轴，在其交点处可以确定成角旋转中心，并测量角度值，据此可进行股骨或者胫骨的截骨矫正手术。

(三)髌骨脱位手术后的护理

术后除进行常规的护理治疗以外,手术后 2 周内应限制患犬运动,只能进行少许活动以恢复后肢运动机能。术后 1 个月基本恢复正常,但仍要避免跑、跳等剧烈运动。根据动物的年龄、脱位的级别、使用的矫正技术等情况,术后建议使用 4~8 周非甾体类或者其他关节保护药物,并定期进行 X 线摄影复查膝关节恢复情况。

任务反思

1. 总结髌骨脱位的发病特点。
2. 总结髌骨脱位的影像学诊断方法。
3. 总结髌骨脱位的手术矫正方案。
4. 总结髌骨脱位术后护理措施。

子任务 2　小动物股骨头切除手术的临床应用

子任务目标

1. 了解股骨头切除术的概念和适应证。
2. 掌握髋关节发育不良及股骨头疾病的影像学检查方法。
3. 掌握股骨头切除术的手术方法。
4. 掌握股骨头切除术的术后护理。

任务实施

一、小动物髋关节发育不良和股骨头疾病的临床症状及检查

(一)股骨头切除术概述

1. 股骨头切除术概念　股骨头及股骨颈切除术,也称股骨头切除术(femoral head osteotomy,FHO),是一种常见的、使用较广泛的手术方法,用于治疗髋关节疾病、减轻髋关节疼痛和骨关节炎。把股骨头以及股骨颈彻底除去之后(图 2-3-7),可使该位置的剩余区域通过其周围的肌肉、韧带和腱在髋部形成假关节。

2. 股骨头切除术的适应证　该手术的适应证包括股骨头缺血性坏死,不可复性或慢性髋关节脱位,严重的髋关节骨关节炎,股骨头、股骨颈、髋臼粉碎性或完全骨折,以及全髋关节置换术失败等,术后可以明显减轻患处疼痛,并能预防骨关节炎的发生。

图 2-3-7　股骨颈切除位置示意

(二)股骨头切除术临床诊断

患股骨头疾病的犬、猫多数会不同程度地丧失活动能力,甚至会变成残疾,保守的治疗

方法很难使其完全康复，股骨头切除术作为一项简单易行的解决方案在中小型犬、猫中效果尚好。股骨头相关疾病的诊断除进行正常的视诊、触诊以外，主要依靠X线进行影像学诊断。用X线摄影可以对股骨头脱出、坏死、骨折，以及髋关节发育不良等疾病进行诊断。特殊病例还可进行CT的诊断。

二、股骨头切除术的手术方案及护理

（一）股骨头切除术方案

1. 保定方法 一般选择侧卧保定，手术侧肢体在上，可悬吊或者游离，对侧肢在下，可适当固定。

2. 手术通路 股骨头切除术手术方案很多，最常用的为前外侧手术通路。该通路以大转子为中心上下切开皮肤，分离皮下结缔组织，在切口处找到显露的股二头肌与阔筋膜张肌和臀筋膜的结合部，并沿着股二头肌前缘切开皮下组织和阔筋膜张肌浅叶。向后牵拉股二头肌，切开阔筋膜深叶。继续沿着切口向背侧切开阔筋膜张肌和臀浅肌前缘之间的肌缝连接，此时，再将阔筋膜张肌和臀中肌钝性分离。向前牵拉阔筋膜张肌，向后牵拉骨二头肌，便可暴露一个呈三角区域的深层组织，其背侧缘为臀中肌、臀深肌，外侧缘为骨外侧肌，内侧缘为骨直肌。钝性分离骨外侧肌和股直肌，便可显露髋关节囊。向前牵拉骨直肌，在股骨颈上钝性分离并切除关节囊外附着的部分疏松结缔组织和脂肪，以便更好地暴露关节囊。

股骨头切除术-手术通路

在关节囊上沿股骨颈方向做一切口，于靠近大转子处，切断部分臀深肌肌腱或者向上牵拉显露。此时，向背侧牵拉臀中肌，向后牵拉股外侧肌，将拉钩插入关节囊内撬出股骨头，用弯剪剪断圆韧带，显露股骨头和股骨颈。一般采用电动摆锯切除股骨头和股骨颈。摆锯与股骨干大约成45°角切除骨头和股骨颈，且终点正好位于小转子的水平线上，切后断面不能成锐角。用骨钳夹除股骨头，用骨锉打磨切缘，闭合关节囊。

股骨头切除术-切除过程

缝合时可以先将股外侧肌和骨直肌连续缝合几针，也可以不做缝合。之后，连续缝合靠近背侧的阔筋膜张肌与臀浅肌前缘，将阔筋膜浅叶和近端臀筋膜与股二头肌前缘连续缝合在一起。最后，将筋膜、皮下组织单纯连续缝合，皮肤结节缝合。

股骨头切除术-缝合过程

（二）股骨头切除术的术后护理

术后除常规护理以外，早期应限制过度运动并积极进行非负重功能锻炼的康复训练，从而促使假关节快速、良好地形成，并避免术侧相关肌群萎缩。非负重情况下的拉伸锻炼效果理想且便于实施，创口愈合以后有条件的可进行游泳锻炼或者水下跑步机锻炼。

任务反思 >>

1. 总结股骨头切除术的手术适应证。
2. 总结股骨头切除术的通路打开及切除方案。
3. 总结股骨头切除术的术后康复方法。

子任务 3 小动物四肢关节人工韧带技术的临床应用

子任务目标

1. 掌握圆韧带再造术的临床应用。
2. 掌握膝关节囊外固定技术的临床应用。
3. 掌握肩关节脱位人工韧带技术的临床应用。
4. 掌握肘关节脱位人工韧带技术的临床应用。
5. 掌握四肢其他关节人工韧带技术应用。

相关知识

人工韧带概述

1. 人工合成韧带　人工韧带的研究与临床应用经历了漫长曲折的过程。人工韧带具有无供区并发症、使用方便、早期康复、无疾病传播危险等许多明显优势。理想的材料，应该具备持续高强度、耐磨损、无组织反应等基本特性，并具有正常韧带的功能，同时允许有生理排列、再生新韧带倾向的组织逐渐长入。然而，完全符合上述条件的人工韧带尚未面世。自 20 世纪 60 年代，人工韧带就已经进入临床应用。70 年代后的 20 年，有多种类型的人工韧带被植入体内。其中有许多著名的产品，包括 Gore Tex，Leeds Keio，Kennedy 等。在材料选择上，完全合成的碳纤维韧带，因在关节和淋巴内释放磨损颗粒，会引起显著的炎性反应。此后，以碳支架结合胶原或聚酯、聚四氟乙烯纤维束合成的聚合物，临床成功率均不高。涤纶和聚丙烯等带孔的纤维织物，理论上允许周围组织迁移长入，再生具有功能的韧带，但同样因不可吸收而引发显著的慢性炎症反应，造成移植物失败和断裂。在纤维织物上种植成纤维细胞后虽然可再植入体内，但减少炎症反应的作用有限。对这些合成的永久支架，组织学研究显示类似瘢痕和肉芽肿，不是正常韧带的有序胶原纤维。对早期应用人工韧带的随访研究并未显示优良结果，主要问题是早期的组织反应和晚期的韧带磨损、松弛与断裂。因此，在经历了 20 年的发展后，人工韧带的应用趋于沉寂。然而，近年来 LARS (ligament advanced reinforcement system) 聚酯韧带的优良结果受到了关节镜与骨科运动医学领域的重视。在设计上，该韧带除了具备 2 000～4 000 N 的抗拉强度外，其将关节内部分成多根平行纤维排列，允许扭转和纤维长入。

2. 胶原支架韧带　在认识到合成韧带的持久、不降解性质后，实验人员开始进一步研究生物学支架，其中大多数为胶原支架。使用胶原支架的韧带重建，已经产生特定位点重新塑形、在隧道附着点成骨、韧带样过渡区及关节内区域韧带样胶原排列的可喜效果。也有人以胶原纤维或在胶原纤维上种植成纤维细胞，试图再生新韧带。这些方法的主要缺陷为胶原支架是异源的，具有相似的相关并发症。

3. 组织工程韧带　在无胸腺裸鼠皮下种植带有小牛肌腱成纤维细胞的聚乙醇酸支架，再生的新肌腱力学特性类似于正常小牛肌腱的力学特性。用相似的技术，将从小牛交叉韧带提取的成纤维细胞种植在聚乙醇酸支架上后，再种植于裸鼠背部皮下，几周后再生出韧带样结构。在这两项研究中，随时间推移，再生组织似乎获得了与正常韧带和肌腱类似的大体和组织学特性。将两种不同细胞种植在聚乙醇酸上，在裸鼠模型上再生出韧带和骨的复合结构，该结构的中央部分为韧带样组织，最初种植小牛骨膜细胞的两端形成骨样组织，并经特定的组织学茜素红染色证实，用X线分层拍片证实有矿化。这些研究提示我们能够以患者自身细胞和合成的生物降解聚合物支架，再生自体组织。

任务实施

一、圆韧带再造术的临床应用

（一）股骨头脱出概述和圆韧带再造术适应性

1. 股骨头脱出的概念 髋关节脱位是指股骨头因外力所致而从髋关节窝里移位或脱出。通常表现为患肢不敢完全负重，髋臼内股骨头活动范围缩小，并出现捻发音。在宠物临床病例中最常见的关节脱位就是髋关节脱位，常因外伤引起，也可继发于髋关节发育异常。通常由继发因素引起的脱位，保守治疗效果不明显，故需采用手术疗法。髋关节脱位是骨科急症，需马上复位，以缩短股骨头血液循环受损的时间，减少继发股骨头坏死的可能。关节发育无异常的病例临床可采用圆韧带再造术。

2. 股骨头脱出的诊断 股骨头脱位的诊断常根据临床表现结合影像学诊断。影像学检查临床常采用正、侧位X线摄影，X线影像可显示股骨头脱离髋臼窝。有条件时通过CT三维影像可以更加直观地显示脱位情况。全脱位时，股骨头向前方脱出称为前方脱位，股骨头向前上方脱出称为前上方脱位（图2-3-8），向内方脱出称为内方脱位，向后方脱出称为后方脱位。临床上以髋关节上方脱位较为多见。

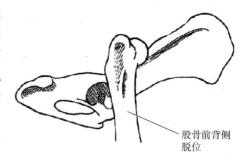

图2-3-8 股骨头前背侧脱位示意

3. 圆韧带再造的概念 犬、猫髋关节人造圆韧带技术是用圆韧带植入套件（图2-3-9）替代圆韧带，一头用固定棒横向放置于在骨盆腔内，另一头固定在股骨上，从而起到牵拉和固定股骨头的作用（图2-3-10）。利用人工韧带复位后，撕裂的关节囊及软组织通过重建逐步恢复正常的关节结构。

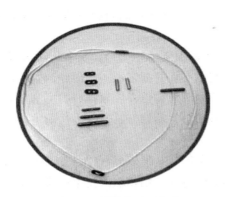

图2-3-9 圆韧带植入套件

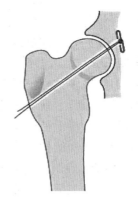

图2-3-10 圆韧带再造示意

（二）圆韧带再造术方案及护理

1. 保定方法 一般选择侧卧保定，手术侧在上，游离，对侧肢在下，可适当固定。

2. 手术通路 以大转子为中心上下切开皮肤，切口范围要足够大，分离皮下结缔组织，沿切口显露股二头肌与阔筋膜张肌和臀筋膜的结合部，并沿着股二头肌前缘切开皮下组织和阔筋膜张肌浅叶。向后牵拉股二头肌，切开阔筋膜深叶。继续沿着切口向背侧切开阔筋膜张肌和臀浅肌前缘之间的肌缝连接，此时，再将阔筋膜张肌和臀中肌钝性分离。向前牵拉阔筋膜张肌，向后牵拉股二头肌，便可暴露一个呈三角区域的深层组织，其背侧缘为臀中肌、臀深肌，外侧缘为骨外侧肌，内侧缘为骨直肌。钝性分离骨外侧肌和股直肌，便可显露髋关节。

圆韧带再造术-通路打开过程

沿大转子向下分离股二头肌和股四头肌即可显露第三转子。股骨颈打孔可以使用C形导钻等器械辅助定位，用C形导钻或者定位器从小转子到股骨头圆韧带附着点进行引导钻孔。髋臼窝钻孔使用合适的导钻引导，定位圆韧带附着点，钻透后通过导钻把穿好人工韧带的固定棒纵行推入骨盆腔，然后拉紧韧带固定棒使其横向置于髋臼窝盆腔侧。通过导线器把人工韧带从股骨颈预钻孔传出到第三转子，拉伸韧带并复位股骨头至髋臼窝。韧带两尾端穿入固定扣后拉紧打结即可。

圆韧带再造术-韧带再造过程

缝合时根据损伤情况确定是否有条件缝合关节囊，如果无法缝合，直接对背侧的阔筋膜张肌与臀浅肌前缘进行连续缝合，阔筋膜浅叶和近端臀筋膜与股二头肌前缘进行连续缝合，筋膜、皮下组织进行单纯连续缝合，皮肤进行结节缝合或者皮内缝合。

圆韧带再造术-缝合过程

3. 术后护理 术后除常规护理以外，早期需限制运动1～2周，期间适当进行非负重功能锻炼，避免术后相关肌群的萎缩，创口愈合以后有条件时可进行游泳锻炼或者水下跑步机的锻炼。术后建议给予非甾体药物6～8周，后期定期复查，注意关节炎情况，并根据实际情况进行药物治疗、理疗等。

二、膝关节人工韧带技术的临床应用

（一）膝关节前十字韧带概述

1. 前十字韧带概念 十字韧带也称交叉韧带，是膝关节内的重要稳定结构。膝关节的稳定性依赖四条韧带来维持，即两条内外侧韧带和两条十字韧带。内外侧韧带分别在膝关节的内外侧；十字韧带在膝关节的内部，分别称为前十字韧带（ACL）和后十字韧带（PCL）。前十字韧带起于股骨外髁内侧面后部，向前内下方走行，止于胫骨髁间粗隆前方及外侧半月板前角。其正常时维持膝关节前后方稳定，参与限制膝关节过伸，协调关节旋转活动，限制内外翻活动。由于膝关节过伸或外展，过度屈曲、内收、旋转均可引起损伤撕裂。前十字韧带撕裂的继发征象是膝关节的不稳定，包括胫骨前移、后十字韧带前部呈弓状。有学者认为大约70%的前十字韧带撕裂均伴有关节内损伤，最常见的是内侧半月板的撕裂。有学者提出伴有或不伴有骨折的后外侧胫骨平台的隐性骨折是急性前十字韧带撕裂的特征。

2. 前十字韧带断裂的诊断 视诊一般可见不同程度的跛行，膝关节、跗关节负重时下沉，有时可听到钝性摩擦音，不能正常负重。患肢触诊采用抽屉试验：一只手握住股骨远心端，拇指、食指分别放在内髁、外髁处；另一只手握住胫骨近心端，拇指和食指分别放在胫骨近心端两侧，做膝关节前后推拉运动，可发现胫骨平台向前移动（即抽屉试验阳性）。胫骨压缩试验：一只手握着跗部，另一只手握住股骨屈曲跗关节和膝关节，当在屈曲时可感觉胫骨向前移位现象（即为胫骨压缩试验阳性）。影像学检查：患肢在下，侧位拍摄时将患肢跗关节屈曲加压，可拍到胫骨平台前移的病理性影像（图2-3-11）。

3. 前十字韧带断裂治疗概述　　治疗主要包括保守疗法和外科疗法。保守疗法主要是限制运动、限制体重以及合理控制饮食。给予患犬镇痛抗炎药，减轻关节疼痛，控制炎症，同时给予一些关节保健类的药物。外科疗法即通过各种外科手术来恢复患肢的正常功能。传统的外科手术技术试图模拟正常十字韧带功能，用"自体韧带或人工合成韧带"来恢复犬膝关节的稳定性。囊外技术是在关节周围使用人工合成缝合线或进行软组织及肌肉的移位以控制膝关节的松弛。囊内

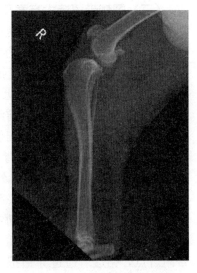

图 2-3-11　前十字韧带断裂影像

技术则尝试使用自体组织"筋膜肌腱"或用人工韧带重建十字韧带以达到治疗效果。随着外科手术技术的不断发展，临床工作者将治疗前十字韧带断裂的重点放到了通过改变骨骼的几何形状和力学结构来维持膝关节的稳定性上。1993年，Slocum提出了CTWO，这种外科手术旨在通过减少胫骨平台的倾斜来消除胫骨前倾造成的膝关节受力不平衡。临床兽医逐渐认识到可以通过这种方式来实现稳定，由此推动了之后几种胫骨截骨术的发展，例如TPLO（Slocum et al. 1993）（图2-3-12）、TPLO/CTWO组合截骨术（Talaat et al. 2006）、胫骨近心端关节内截骨术（Damur et al. 2003）、三胫胫骨截骨术（Bruce et al. 2007）和人字形楔形截骨术（Hildreth et al. 2006）。随后又有研究者提出了胫骨粗隆前移手术（TTA、TTA2等）（图2-3-13），该方法是通过改变髌韧带与胫骨平台的相对位置来中和前十字韧带断裂造成的膝关节不平衡（Hoffman et al.，2006）。

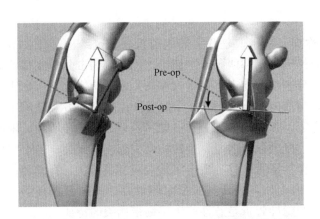

图 2-3-12　TPLO 截骨示意（Pre-op：术前胫骨平台角度，Post-op：术后胫骨平台角度）

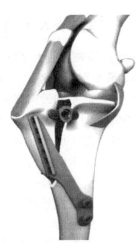

图 2-3-13　TTA 示意

（二）前十字韧带断裂囊外固定手术方案及护理

1. 保定方法 一般选择侧卧保定，手术侧在上，对侧肢在下，可适当固定。

2. 手术通路 囊外固定人工韧带方案很多，目前临床主要使用的为囊外等距点人工韧带结合铆钉固定技术，等距点股骨远心端定位为外侧籽骨后下方，胫骨定位为胫骨平台趾长伸肌沟的后方（图2-3-14）。该手术定位于膝关节外侧正中，从股骨远心端外侧籽骨到胫骨趾长伸肌沟做一皮肤切口，切开外侧籽骨表面结缔组织后，从外侧籽骨后外侧向前内方钻孔，然后沿钻孔拧入铆钉，调整铆钉孔长度和位置后折断铆钉尾部。用圆棒平行胫骨轴线压入趾长伸肌沟，导钻紧贴圆棒定位趾长伸肌沟后方凸起，沿导钻向胫骨内下方钻孔后沿钻孔拧入铆钉，调整铆钉孔长度和位置后折断铆钉尾部。将人工韧带呈环形穿过两个铆钉，然后将人工韧带首尾拉紧打结并剪断（图2-3-15）。结节缝合切开的皮下结缔组织和筋膜，最后结节缝合皮肤。

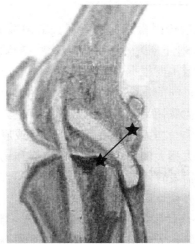

膝关节囊外固定术-等距点人工韧带

图 2-3-14 等距点示意

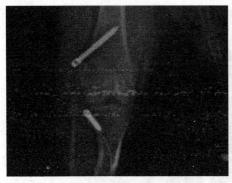 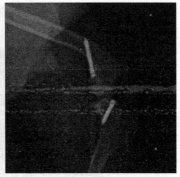

图 2-3-15 等距点囊外固定 X 线影像（左：正位；右：侧位）

3. 术后护理 术后除常规护理以外，早期需适当限制运动。术后建议给予非甾体药物 6～8 周，同时需长期注意膝关节关节炎情况，并根据实际情况进行药物治疗、理疗等。

三、肩关节脱位人工韧带技术的临床应用

（一）肩关节脱位及治疗技术概述

1. 肩关节脱位的概念 肩关节脱位是当肩关节的支持结构功能丧失到一定程度时，使肱骨从关节囊中分离的疾病。肩关节是由肩胛骨的关节盂和肱骨的肱骨头构成的，是连接上肢与躯干的主要纽带，具有悬吊上肢、调整肩胛胸关节活动及协同肩关节大范围活动的作用。肩关节的关节头大，关节窝小而浅，关节囊松。犬的肩关节有内、外侧盂肱韧带，理论上可以完成各种运动，但由于内外侧的肌肉限制，在正常情况下主要做屈伸运动以及小范围的内收和外展运动。犬没有锁骨，这使得犬的肱骨头几乎全部依靠周围韧带和肌肉的张力固定在肩关节窝内。当犬受到强大突发性外力作用时，有可能会造成犬肩关节脱位。但是在大多数情况下，由于犬肩部肌肉比较丰满，能够在保证肩关节灵活性的同时维持其结构的稳定性。

肩关节脱位是由于创伤或遗传因素引起的，肩关节由关节囊、盂肱韧带和周围的肌腱（冈上肌、冈下肌、大圆肌和肩胛下肌）所支持。当这些结构发生断裂或缺陷，即可能发生肱骨头脱位。肱关节脱位的命名主要根据肱骨头的偏离方向。向内侧或外侧偏离较为常见，临床上犬、猫以内侧脱位为主；向前、向后偏离较少发生。外伤性脱位常导致肩关节损伤。外伤性外侧肱骨头脱位与外侧盂肱韧带、冈下肌腱断裂有关，而外伤性内侧肱骨头脱位与内侧盂肱韧带、冈上肌腱断裂有关。当盂肱韧带、二头肌腱或肩臼缘不完全断裂时，可引起肩关节亚脱位或肩关节不稳。中大型犬的肩关节由于关节囊和韧带的先天性发育松弛，可引起肩关节内侧脱位。小型犬关节盂发育不良问题非常常见，如吉娃娃犬、博美犬、贵宾犬等易发。脱位主要由外力引起时即外伤性脱位，常见于高楼坠落、摔伤等，在猫中很少发生。

2. 肩关节脱位的诊断 外伤性脱位时，患病动物通常不能负重，患肢常呈屈曲的状态。外伤性外侧脱位时，脚向内旋转，大结节在其正常位置的外侧；内侧脱位时，脚向外旋转，大结节偏向其正常位置的内侧。疼痛和骨摩擦音可以提示肩关节脱位。习惯性脱位的病例可能出现间歇跛行。影像学检查主要以X线检查和CT检查为主，侧位和正位X线检查结合临床症状可以确诊肩关节脱位（图2-3-16），并同时鉴别肩部骨折或胸部损伤。CT通过后期影像重建可以更加直观地呈现脱位情况。

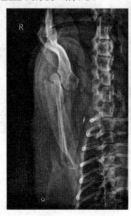
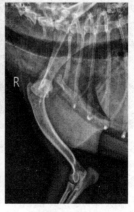

图2-3-16 肩关节脱位X线影像（左：正位；右：侧位）

3. 肩关节脱位的治疗 肩关节脱位治疗可分为两大类：闭合复位固定及外科手术治疗。闭合复位主要适用于外力刺激引起的肩关节脱位。确认犬、猫未发生肱骨和肩部骨折后，可立即进行闭合性复位。该治疗方法在犬、猫全身麻醉条件下进行，通过牵拉犬、猫患肢，施压至肱骨头和肩部达到复位。为保证复位关节的稳定性，可用绷带进行固定。因闭合整复效果不佳、先天性脱位、骨折等引起严重和持久性跛行的病例需进行手术治疗。手术治疗主要适用于犬、猫关节盂发育不良、习惯性脱位、陈旧性脱位及伴随关节骨折等病例。手术治疗方案包括：肱二头肌的自体韧带技术，用来治疗内外侧脱位；人工韧带固定技术治疗内外侧脱位；关节融合术适用于关节功能无法恢复的病例；关节置换适用于绝大多数病例，但技术难度高、费用高。

（二）肩关节脱位人工韧带技术手术方案及护理

1. 保定方法 肱二头肌翻转固定术和人工韧带固定术保定方法相同，一般选择侧卧保定，手术侧在上，对侧肢在下，可适当固定。

2. 手术方案及通路 肩关节脱位固定手术主要有关节囊缝合术、人工韧带固定术和肱二头肌内侧或者外侧移位术。临床中小型犬、猫常见的内侧脱位常采用肱二头肌韧带内侧移位术或者人工韧带固定术。

（1）肱二头肌韧带内侧移位术。从肩峰至肱骨大结节内侧面切开皮肤，沿着皮肤切口线切开浅筋膜和脂肪后将皮肤向两侧牵拉。分离部分浅胸肌和深胸肌显露内侧肱二头肌韧带，切断横肱支持带后使肱二头肌韧带游离。向外侧旋转肱骨显露肱骨大结节内侧，用骨撬把游离的肱二头肌韧带向内侧翻转，在肱骨大结节内侧钻孔并植入一枚半螺纹松质骨螺钉，用松质骨螺钉尾部阻挡肱二头肌复位（图2-3-17）。缝合时先结节缝合浅胸肌、深胸肌筋膜和结缔组织，然后结节缝合皮肤。

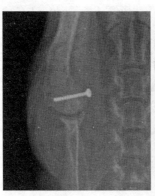
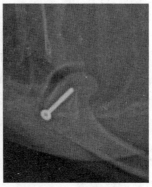

肩关节内侧脱位-肱二头肌内侧翻转术

图2-3-17 肱二头肌内侧移位术后X线影像（左：正位；右：侧位）

（2）肱二头肌韧带外侧移位术。从肩峰至肱骨大结节内侧面切开皮肤，沿着皮肤切口线切开浅筋膜和脂肪后将皮肤向两侧牵拉。分离部分浅胸肌和深胸肌显露内侧肱二头肌韧带，切断横肱支持带后使肱二头肌韧带游离。分离冈上肌并切开冈上肌附着点肱骨结节，在切除后的肱骨上做一个隧道，把肱二头肌向外侧翻转至隧道内，复位冈上肌附着点的肱骨结节并用针或者螺钉进行固定。缝合方法和内侧移位类似。

（3）人工韧带结合铆钉进行内侧固定。从肩峰至肱骨大结节内侧面切开皮肤，沿着皮肤切口线切开浅筋膜和脂肪后将皮肤向两侧牵拉，分离部分浅胸肌、深胸肌和三角肌显露肩关

肩关节脱位韧带手术-通路打开过程

肩关节脱位韧带手术-韧带固定过程

节内侧的关节囊。在内侧盂肱韧带起止点处放置一颗韧带铆钉，使用人工韧带穿过铆钉尾部孔后打结即可。

（4）人工韧带结合固定棒和铆钉进行固定。可以解决外侧脱位或者内侧脱位。从肩胛骨中部至肱骨大结节前方切开皮肤，沿着皮肤切口线切开浅筋膜和脂肪后将皮肤向两侧牵拉。分离三角肌显露肱骨大结节，沿大结节外侧分离三角肌至肩峰，剪开肩胛外筋膜暴露冈上肌，钝性分离冈上肌显露肩峰和肩胛骨上窝。

在肩峰下靠近肩胛冈上窝处打孔，把固定针和韧带通过钻孔穿入并固定，分离结缔组织显露大结节冈下肌附着点，紧贴冈下肌附着点向内下方打孔后拧入铆钉，调整预留长度后折断尾端，穿入韧带后适当拉紧打结（图 2-3-18）。

缝合时首先结节缝合三角肌和肩胛横突肌韧带，接着结节缝合皮下结缔组织，最后结节缝合皮肤。

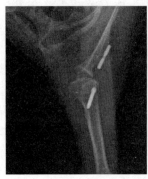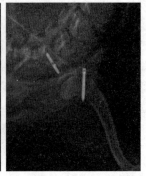

图 2-3-18　肩关节人工韧带术后 X 线影像（左：正位；右：侧位）

肩关节脱位韧带手术-缝合过程

3. 术后护理　术后除常规护理以外，早期需限制运动 1~2 周，期间适当进行非负重功能锻炼，避免术后相关肌群的萎缩。创口愈合以后有条件的可进行游泳锻炼或者水下跑步机锻炼。术后建议给予非甾体药物 6~8 周，后期定期复查，注意关节炎情况，并根据实际情况进行药物治疗、理疗等。

四、肘关节脱位人工韧带技术的临床应用

（一）肘关节脱位及治疗概述

1. 肘关节脱位的概念　肘关节脱位是指肱骨髁脱出关节窝，不能复位，从而引起运动障碍。肘关节脱位多发生于小型犬、猫，常伴有侧韧带不同程度的损伤。肘关节内外侧的稳定性取决于鹰嘴窝内肘突的伸展性，以及内、外侧副韧带是否能够完全伸展和屈曲。副韧带起于肱骨内、外上髁延伸至桡尺骨，尺骨和桡骨之间的环状韧带位于副韧带的深处，这能防止桡骨向头侧移位。必须用很大的力旋转肘关节才会引起犬的外侧副韧带（至少）和猫的内、外侧副韧带发生异常，最终导致脱位。桡骨和尺骨通常发生外侧脱位（图 2-3-19），因为肱骨滑车可以防止内侧脱位。

2. 肘关节脱位的诊断　患有外伤性肘关节脱位的犬和猫是无法负重的，跛行肢的肘关

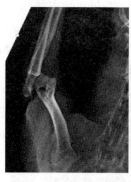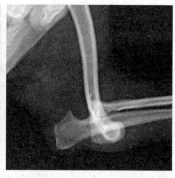

图 2-3-19　肘关节外侧脱位 X 线影像（左：正位；右：侧位）

节轻微屈曲，前臂表现为外展和外旋。通常会出现关节肿胀和疼痛。有时能够在外侧触诊桡骨和尺骨，肱骨外上髁不如正常动物明显。需要拍摄肘关节的正侧位 X 线片来确诊肘关节是否脱位，并评估是否并发骨折和先前是否存在退行性关节疾病。应评估患病动物是否有其他外伤，如胸部和其他骨科或神经损伤。

3. 肘关节脱位的治疗　肘关节脱位后没有伴随骨折的病例首先可考虑进行闭合复位。闭合复位术需在全身麻醉后施行，并评估关节的稳定性。并发关节内或关节周围骨折的动物禁止使用闭合复位术，患有严重肘关节退行性疾病的动物可以考虑采取补救措施，如全关节置换术或关节融合术，而非复位肘关节。肘关节复位后，对关节进行物理和影像学评估，以确定是否存在关节不稳定的迹象。如果发现关节稳定或只是轻微不稳定，可以尝试保守治疗，即用绷带夹板固定四周，直到软组织愈合。如果无法使用闭合复位术，或闭合复位术治疗后再脱位或持续性关节不稳定，则需要手术治疗。手术需要通过骨隧道放置人工韧带（图 2-3-20）或使用骨铆钉固定人工韧带，如果可能的话，使用不可吸收缝合线修复主要的韧带。

图 2-3-20　肘关节人工韧带固定示意

（二）肘关节脱位韧带技术手术方案及护理

1. 保定方法　一般选择侧卧保定，手术侧在上，对侧肢在下，可适当固定。

2. 手术通路　肘关节脱位骨隧道人工韧带手术：沿肱骨外侧髁向桡骨切开皮肤，分离出外侧髁和外侧桡骨头。从外侧髁窝打孔至内侧髁窝，贴近桡骨头从外侧向内侧打孔，完成

肘关节脱位韧带手术过程

两个骨隧道。将导线器从外侧穿入并在内侧做皮肤切口，用导线器把人工韧带两端都穿入到内侧，然后在内侧皮下将韧带两端打结后剪短即可。内侧皮肤切口进行一针结节缝合。外侧关节囊可进行结节缝合，然后结节缝合外侧皮下结缔组织，最后结节缝合外侧皮肤。

3. 术后护理 术后除常规护理以外，早期需限制运动1~2周，期间适当进行非负重功能锻炼，避免术后相关肌群的萎缩。创口愈合以后有条件的可进行游泳锻炼或者水下跑步机锻炼。术后建议给予非甾体药物6~8周，后期定期复查，注意关节炎情况，并根据实际情况进行药物治疗、理疗等。

五、其他四肢关节脱位人工韧带技术的临床应用

（一）跗关节脱位人工韧带技术

1. 跗关节脱位的概念 跗关节韧带损伤多由严重的外伤引起，大多数损伤是开放性的。磨损常伴有不同程度的软组织或骨骼的丢失，有时两者兼有；扭伤可发生于跗骨内外侧面，但常发生于内侧面；不完全脱位缘于内外侧副韧带的损伤，或内外侧髁的骨折。脱位常见于内外侧副韧带综合征，或患有侧副韧带综合征的髁骨折。

2. 跗关节脱位的诊断 该病在任何年龄、品种与性别的犬都可发生，大多数动物表现为支跛、不能负重、跗关节脱位明显，而且脚爪偏离成非自然角度，出现疼痛。X线正侧位及应力位摄影检查可判断韧带损伤情况。

3. 跗关节人工韧带技术 确定受损部位后，在髁的内外侧各做一个弧形切口。切口从关节线上方开始延伸至跗跖关节线下方。分离皮下组织和筋膜。剥开深层筋膜，暴露副韧带和关节囊的残余，可以看见关节表面。实施关节表面复位和排列，可用丝线缝合关节囊，用非吸收缝合线缝合受损的韧带。在韧带起始点和终点分别钻孔，然后植入铆钉，用人工韧带连接铆钉并拉紧打结即可（图2-3-21）。由于犬、猫跗关节受力较大，临床上人工韧带效果受限。

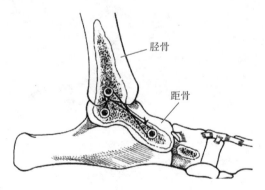

图2-3-21 跗关节人工韧带示意

（二）腕关节脱位人工韧带技术

1. 腕关节脱位的概念 腕关节脱位或亚脱位是由于前臂、腕关节、中间腕关节和/或腕掌关节支持韧带的损伤而导致（M. Tobias，2010）。常见的病因包括先天性因素、创伤、感染和慢性损伤等。临床上，最常见的病因是突发性的创伤或过度负重后造成腕关节过度伸

展,例如车祸、坠楼、被踩到等突发性外力。常常伴随着邻近骨或关节内的骨折,其中多数容易发生关节内的腕骨骨折。

2. 腕关节脱位的诊断　腕关节脱位的发生没有年龄、品种、性别的差别,犬、猫均可发生。急性病例通常有跛行表现。同时表现明显的肿胀、疼痛和关节不稳。患病动物通常不能负重,触诊腕关节有疼痛或明显的骨摩擦音。影像学检查必须要有标准的前后位和内、外侧位片来确定骨折和关节脱位的情况。应用应力位的压迫X线检查,可以评估腕关节的完整性和确定关节过度伸展损伤的程度。

3. 腕关节人工韧带技术　根据检查结果确定损伤韧带后,可以使用人工韧带技术进行固定,固定方法为韧带附着点两端用骨铆钉固定,骨铆钉中间用韧带连接。由于腕关节结构复杂且腕骨及掌骨体积小,韧带固定受限制较大。临床中小型犬、猫固定难度较大,临床效果欠佳,需谨慎选择。大型犬腕关节各韧带受力较大,人工韧带固定后稳定性不好也会导致临床效果不理想。

任务反思

1. 总结人工韧带的种类及特点。
2. 总结圆韧带再造术的要点。
3. 总结膝关节囊外固定技术要点。
4. 总结肩关节人工韧带技术要点。
5. 总结肘关节人工韧带技术要点。

子任务4　小动物四肢关节融合技术的临床应用

子任务目标

1. 掌握膝关节融合技术的临床应用。
2. 掌握跗关节融合技术的临床应用。
3. 掌握肩关节融合技术的临床应用。
4. 掌握肘关节融合技术的临床应用。
5. 掌握腕关节融合技术的临床应用。

任务实施

一、膝关节融合技术的临床应用

(一)膝关节融合术概述和适应证

1. 膝关节融合术概述　融合手术是将原有的可以活动的关节进行融合,从而使关节的活动度丧失,使关节两端的骨融合为一体。膝关节融合术就是将股骨远心端和胫骨近心端的关节软骨全部清理,然后使用内固定或者外固定的方法将关节两端的骨固定在一起,最后让股骨和胫骨发生骨性融合。膝关节融合角度建议为135°～140°(图2-3-22),临床具体角度可以参考犬、猫安静站立时测定的膝关节角度。膝关节融合使用头侧骨板进行固定。临床资料显示中小体型的犬膝关节融合后走路姿势良好，大型品种有一定的跛行现象。

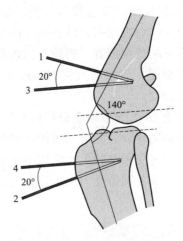

图 2-3-22　膝关节融合术定位示意（虚线为切除位置示意）
1. 股骨垂直定位针　2. 胫骨垂直定位针　3. 与1夹角20°　4. 与2夹角20°

2. 膝关节融合术适应证　各种原因导致的严重损伤或者股骨及胫骨变形、内外侧韧带断裂无法修复、半月板严重损伤、严重关节炎等情况无法进行关节置换时使用，生活质量尚可的临床可以进行融合手术。

（二）膝关节融合术手术方案及术后护理

1. 保定方法　一般选择仰卧保定，手术侧游离，对侧肢适当固定。

2. 手术通路　从股骨外侧中点至胫骨头侧中点切开皮肤，沿股二头肌和股四头肌之间切开阔筋膜，沿股骨干切开关节囊至胫骨结节，沿胫骨嵴分离胫前肌暴露胫骨外侧面。

膝关节融合术-通路打开过程

平行胫骨轴线锯开胫骨嵴，在胫骨近心端头侧放置垂直胫骨轴线的定位针，在股骨远心端头侧放置垂直股骨轴线的定位针。用骨撬从膝关节撬开，暴露胫骨平台后用20°角度尺紧贴胫骨垂直的定位针并固定，与角度尺另一条边平行锯开胫骨平台关节面，切开附着组织移除关节面。股骨上用20°角度尺紧贴股骨定位针并固定，与角度尺另一条边平行锯开股骨远心端关节面，切开附着组织移除关节面即完成关节面的截骨过程，截骨以后复位关节面膝关节融合后的角度为140°。截骨以后先用两个克氏针交叉做临时固定，然后将锁定骨板塑形后用复位钳夹持固定，接着在股骨近心端打孔并植入第1颗锁定螺钉，在胫骨远心端打孔并植入第2颗锁定螺钉，在股骨远心端打孔并植入第3颗锁定螺钉，在胫骨近心端打孔并植入第4颗锁定螺钉。胫骨中段和股骨中段根据情况植入剩余锁定螺钉，螺钉植入完成后保留或者移除两个临时固定针（图2-3-23）。缝合时首先对胫骨结节处结缔组织和韧带进行结节缝合，然后从膝关节向上单纯连续缝合阔筋膜，反向单纯连续缝合皮下结缔组织并和线尾打结，结节缝合胫前肌筋膜和皮下结缔组织，最后结节缝合所有皮肤切口。

3. 术后护理　术后除常规护理以外，早期需积极进行非负重康复训练，以防肌肉萎缩。伤口愈合后适当进行游泳等康复训练，直至能正常负重行走。

膝关节融合术-截骨过程

膝关节融合术-固定过程

膝关节融合术-缝合过程

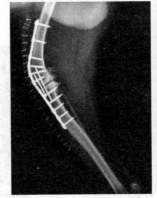
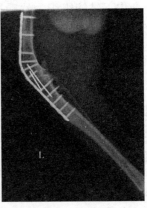

图 2-3-23　膝关节融合术后 X 线影像

（左：手术当天；右：术后 180 d）

二、跗关节融合技术的临床应用

（一）跗关节融合术概述和适应证

1. 跗关节融合术概述　跗关节融合术就是将胫骨远心端和距骨的关节软骨全部清理，然后从内侧使用跗关节融合骨板（图 2-3-24）固定的方法，使胫骨和距骨发生骨性融合。跗关节融合角度建议为 135°~140°。跗关节融合临床效果很好，生活质量影响不大。

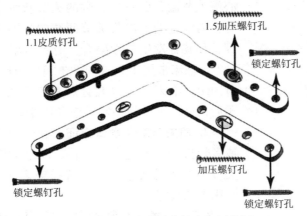

图 2-3-24　跗关节融合锁定加压骨板

2. 跗关节融合术适应证　在各种原因导致的跗关节严重损伤或者骨折、韧带断裂无法修复、无法进行关节置换或者关节置换失败时使用。

（二）跗关节融合术手术方案及护理

1. 保定方法　一般选择侧卧保定，手术侧在下，对侧肢在上，向前或者向后牵拉固定。

2. 手术通路　从内侧跨过跗关节沿骨干切开皮肤，分离皮下结缔组织和骨膜显露跗关节。首先用咬骨钳去掉内侧髁凸起部分，然后用球钻去除距骨和胫骨关节面全部软骨。选择专用融合骨板并用复位钳固定，在骨板中间距骨上打孔并植入第 1 颗螺钉，在骨板远端跖骨上打孔并植入第 2 颗螺钉，在骨板近端胫骨上打孔并植入第 3 颗螺钉，在骨板上段胫骨及骨板下段距骨、跖骨上打孔并植入其余螺钉（图 2-3-25）。缝合时从跗关节开始向近心端连续缝合皮下结缔组织，然后从远心端向跗关节连续缝合皮下结缔组织，最后从近心端开始结节缝合全部皮肤切口。

跗关节融合术-通路打开过程

跗关节融合术-固定过程

跗关节融合术-缝合过程

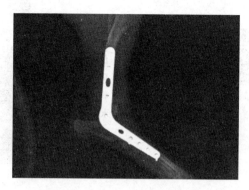

图 2-3-25 跗关节融合术后侧位影像

3. 术后护理 术后除常规护理以外，早期需积极进行非负重康复训练，以防肌肉萎缩。伤口愈合后适当进行游泳等康复训练，直至能正常负重行走。

三、肩关节融合技术的临床应用

（一）肩关节融合术概述和适应证

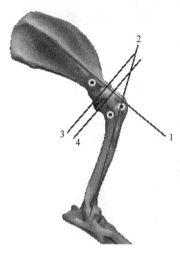

图 2-3-26 肩关节融合截骨示意
1. 肩胛骨轴线　2. 肱骨轴线
3. 关节盂切除线　4. 肱骨关节切除线

1. 肩关节融合术概述 肩关节融合术就是将肩胛骨远心端关节盂和肱骨近心端的关节软骨全部清理，然后使用骨板内固定的方法将关节两端的骨固定在一起，最后让肩胛骨和肱骨发生骨性融合。肩关节融合角度建议为102°～122°，临床常用110°（图2-3-26）。肩关节融合使用骨板进行固定。临床肩关节融合后对正常的生理功能干扰很少，预后良好。主要的并发症是肩胛骨螺钉松脱导致固定失败。

2. 肩关节融合术适应证 在各种原因导致的严重损伤或者骨折、关节盂发育不良、反复的肩关节脱位、严重的关节炎以及无法进行关节置换或者关节置换失败时使用，临床效果较好。

（二）肩关节融合术手术方案及护理

1. 保定方法 一般选择侧卧保定，手术侧在上，游离，对侧肢在下，可适当固定。

2. 手术通路 沿肩胛冈经肱骨头向下切开皮肤，分离三角肌显露肱骨大结节，向上剪开肩胛横突肌并止血，继续向上剪开显露肩峰和肩胛冈，分离冈上肌显露肩胛骨冈上窝，牵开三角肌显露头侧肩关节，沿肩峰切开三角肌附着点，钝性分离冈下肌，用持骨钳夹持肩胛冈并上提后，用牵开器牵开冈上肌和冈下肌即可显露肩关节。用骨撬撬开肩胛骨暴露关节盂后，即可用摆锯垂直肩胛冈切除关节盂。用持骨钳固定肱骨并垂直放置，沿肱骨轴线放置第1枚定位针，然后放置20°角度尺并临时固定，参照角度尺植入第2枚定位针，摆锯平行第2枚定位针锯除肱骨头，移除两枚定位针后，用摆锯锯开肱骨大结节凸起部分完成截骨。从大结节植入两枚临时固定针固定肩关节，然后对锁定骨板进行塑形,并用持骨钳固定塑形好的骨板。在肩胛骨冈上窝近心端植入第 1 颗螺钉,在肱骨远心端植入第 2 颗螺钉,在肩胛骨冈上窝植入第 3 颗螺钉,在肱骨近心端植入第 4 颗螺钉,在肩胛骨冈上窝和肱骨中段依次植入其余螺钉。螺钉植入完成后移除两枚临时固定针(图 2-3-27)。缝合时首先结节缝合大结节筋膜,然后结节缝合肩胛横突肌,接着结节缝合三角肌筋膜,结节缝合肩胛骨切口皮下结缔组织和肱骨切口皮下结缔组织,最后结节缝合皮肤。

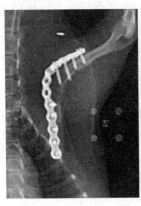
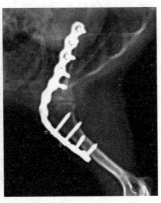

图 2-3-27　肩关节融合术术后 X 线影像
（左：正位；右：侧位）

肩关节融合术-通路打开过程　　肩关节融合术-截骨过程
肩关节融合术-固定过程　　肩关节融合术-缝合过程

3. 术后护理　除常规护理以外,早期需积极进行非负重康复训练,以防肌肉萎缩。伤口愈合后适当进行游泳等康复训练,直至能正常负重行走。

四、肘关节融合技术的临床应用

（一）肘关节融合术概述和适应证

1. 肘关节融合术概述　肘关节融合术就是将肱骨远心端和桡尺骨近心端的关节软骨全部清理,然后使用内固定或者外固定的方法将关节两端的骨固定在一起,最后让肱骨和桡尺骨发生骨性融合。肘关节融合角度建议为 110°～140°,临床具体角度可以参考犬、猫安静站立时测定的肘关节角度。肘关节融合可以采用内侧肘关节预塑形骨板（固定角度）固定或者背侧骨板进行固定。资料显示使用背侧骨板进行肘关节融合常见的并发症有植入物移行、失败和感染等,主要并发症出现的比例高达 33%,术后只有 44% 的病例一直使用该肢。使用内侧骨板进行肘关节融合常见的并发症有桡骨骨折、感染等,主要并发症出现的比例高达 50%。

2. 肘关节融合术适应证　适用于各种原因导致的肘关节严重骨折或者不愈合的骨折、肘关节炎终末期、慢性肘关节脱位、全肘置换失败、外周神经损伤等。各种方案并发症均较高,临床选择时需谨慎考虑和选择。

（二）肘关节融合术手术方案及护理

1. 保定方法　一般选择侧卧保定,背侧骨板一般采用外侧通路,手术肢在上;内侧骨板采用内侧通路,手术肢在下,对侧向前或者向后牵拉固定。

2. 手术通路　常用方法有背侧骨板和内侧骨板两种方案（图 2-3-28）。背侧骨板采用外

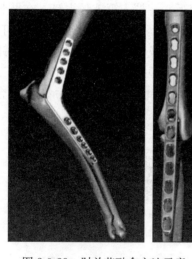

图 2-3-28 肘关节融合方法示意
（左：内侧；右：背侧）

侧通路，即沿肱骨干中心经肘关节至尺骨干中心做弧形皮肤切口，分离皮下结缔组织并向两侧牵拉，然后沿臂三头肌外侧与内侧缘切开筋膜，显露肘突。用摆锯做肘突截骨显露肘关节，并清理所有关节面软骨，分离肱骨中远端骨膜和尺骨近中段骨膜后，用折弯好角度的骨板进行固定。固定完成以后肘突可以复位或者移除后，把臂三头肌缝合在周围组织上。结节缝合皮下结缔组织和筋膜，最后结节缝合皮肤。

内侧肘关节融合骨板内侧固定时采用内侧切口，沿肱骨干中心经肘关节至尺骨干中心做弧形皮肤切口，肱骨段切开胸浅肌筋膜后，向前分离臂二头肌，显露内侧的动静脉血管、神经以及肱骨干。桡尺骨段沿桡腕伸肌和桡腕屈肌之间分离，切断旋前圆肌后即可暴露内侧桡尺骨及肘关节。内侧上髁使用咬骨钳或者摆锯去除后彻底清理关节面软骨，然后用肘关节融合骨板进行固定。缝合时结节缝合皮下结缔组织和筋膜，最后结节缝合皮肤。

3. 术后护理 术后除常规护理外，建议进行 3~6 周的夹板外包扎。之后根据愈合情况逐步进行康复训练。

五、腕关节融合技术的临床应用

（一）腕关节融合术概述和适应证

1. 腕关节融合术概述 腕关节融合术就是将桡骨远心端、腕骨以及掌骨关节软骨全部清理，然后使用腕关节融合骨板在背侧进行固定，最后让桡骨、腕骨和掌骨发生骨性融合。腕关节融合角度向背侧弯曲 10°~12°（图 2-3-29）。临床资料显示，超过 80% 过度伸展损伤的病例可恢复完美肢体功能，97% 的病例步态有改善，74% 的病例患肢可以正常使用。

2. 腕关节融合术适应证 适用于各种原因导致的严重腕关节失稳，无法进行韧带修复，不可整复的关节内骨折，严重腕骨骨折，严重关节炎等。

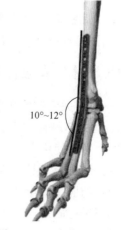

图 2-3-29 腕关节融合示意

（二）腕关节融合术手术方案及护理

1. 保定方法 一般选择侧卧保定，手术侧在上，对侧肢在下，可适当固定。

2. 手术通路 从桡骨远心端 1/3 处向第三掌骨远心端 1/3 处做皮肤切口，在副头静脉外侧切开浅筋膜，并将静脉、筋膜和皮肤向内侧牵引。在腕桡侧伸肌腱和指总伸肌腱之间的中线位置切开深层的前臂筋膜，将指总伸肌腱向外侧牵拉，显露关节。沿着关节间隙切开关节囊，用球钻去除所有关节软骨，间隙可填充人工骨或者自体松质骨。植入腕关节融合骨板时，第一颗螺钉要植入到中央腕骨上，接着是桡骨近心端和第三掌骨远心端，最后补齐全部螺钉。缝合时首先结节缝合筋膜和结缔组织，然后结节缝合皮肤。

腕关节融合术-
通路打开过程

腕关节融合
术-固定过程

腕关节融合
术-缝合过程

3. 术后护理 术后除常规护理外，建议进行 4 周的包扎。之后根据愈合情况逐步进行康复训练。

任务反思

1. 总结膝关节融合技术的技术要点及操作流程。
2. 总结跗关节融合技术的技术要点及操作流程。
3. 总结肩关节融合技术的技术要点及操作流程。
4. 总结肘关节融合技术的技术要点及操作流程。
5. 总结腕关节融合技术的技术要点及操作流程。

参考文献

侯树勋，2002. 现代创伤骨科学［M］. 北京：人民军医出版社.

P. M. 蒙塔冯，K. 沃斯，S. J. 兰利-霍布斯，2022. 猫骨科手术与肌肉骨骼系统疾病［M］. 丛恒飞，赵秉权，王虓，主译. 武汉：湖北科学技术出版社.

特雷莎. 韦尔奇. 福萨姆，2020. 小动物外科手术学［M］. 5版. 袁占奎，主译. 武汉：湖北科学技术出版社.

约翰逊，2016. 犬猫骨骼与关节手术入路图谱［M］. 丛恒飞，谢富强，主译. 武汉：湖北科学技术出版社.

图书在版编目（CIP）数据

小动物骨病诊疗技术 / 朱金凤，田超主编. —北京：中国农业出版社，2023.7
高等职业教育农业农村部"十三五"规划教材
ISBN 978-7-109-30156-6

Ⅰ.①小… Ⅱ.①朱…②田… Ⅲ.①动物疾病-骨疾病-诊疗-高等职业教育-教材 Ⅳ.①S857.16

中国版本图书馆 CIP 数据核字（2022）第 185315 号

中国农业出版社出版
地址：北京市朝阳区麦子店街 18 号楼
邮编：100125
责任编辑：徐 芳 李 萍
版式设计：杜 然　责任校对：周丽芳
印刷：北京通州皇家印刷厂
版次：2023 年 7 月第 1 版
印次：2023 年 7 月北京第 1 次印刷
发行：新华书店北京发行所
开本：787mm×1092mm 1/16
印张：10.5
字数：262 千字
定价：37.00 元

版权所有·侵权必究
凡购买本社图书，如有印装质量问题，我社负责调换。
服务电话：010-59195115　010-59194918